欧洲

英格兰

法国

工 厂

北美洲

波士顿

普罗维登斯

纽约市

U0364043

致　谢

如果没有某些人的建议和专业知识，本书的写作一定远比现在困难，成品也会非常不完善。在此衷心感谢以下诸位，感谢他们的关注和慷慨相助：

斯莱特厂历史遗址的帕特里克·M.马龙，他一共读了7遍本书手稿。

斯特布里奇村的西奥多·Z.佩恩，特别感谢他在动力传输知识方面的帮助。

感谢托马斯·利里的无限耐心。

感谢约翰·钱尼提供关于19世纪的第一手背景知识。

感谢迈伦·斯塔赤瓦、查尔斯·帕罗特、杰克·洛齐尔、海伦娜·赖特、贝琪·巴尔、萨拉·格利森、理查德·格林伍德、伊丽莎白·肖尔斯和杰弗·豪瑞。还要感谢露丝·麦考利在编辑方面的帮助和非凡的耐心，这本书献给她。

——大卫·麦考利

图书在版编目（CIP）数据

工厂 / (美) 大卫·麦考利著；刘勇军译. -- 南京：
江苏凤凰少年儿童出版社，2018.10
ISBN 978-7-5584-1024-6

Ⅰ.①工… Ⅱ.①大…②刘… Ⅲ.①纺织厂－青少
年读物 Ⅳ.①TS108-49

中国版本图书馆CIP数据核字(2018)第194551号

MILL
by David Macaulay
Copyright © 1983 by David Macaulay
Published by arrangement with Houghton Mifflin Harcourt
Publishing Company
through Bardon-Chinese Media Agency
Simplified Chinese translation copyright © 2018
by King-in Culture (Beijing) Co., Ltd.
ALL RIGHTS RESERVED

著作权合同登记号　图字：10-2016-018

本书简体中文版权由北斗耕林文化传媒（北京）有限公司取得，江苏凤凰少年儿童出版社出版。未经耕林许可，禁止任何媒体、网站、个人转载、摘编、镜像或利用其他方式使用本书内容。

书　名	工　厂
策划监制	敖　德
责任编辑	陈艳梅　张婷芳
助理编辑	夏　蕾
版权编辑	海韵佳
特约编辑	严　雪　沙家蓉　森　林
特约审读	李雪竹
出版发行	江苏凤凰少年儿童出版社
地　址	南京市湖南路1号A楼，邮编：210009
印　刷	北京盛通印刷股份有限公司
开　本	889毫米×1194毫米　1/16
印　张	8
版　次	2018年11月第1版　2018年11月第1次印刷
书　号	ISBN 978-7-5584-1024-6
定　价	49.00元

（图书如有印装错误请向印刷厂调换）

咕噜咕噜动漫微信

天猫耕林旗舰店
手机天猫手机淘宝
扫一扫

扫码免费收听音频

关注耕林获取更多福利
与孩子一起成为更好的自己

耕林市场部：010-57241769/68/67
13522032568 耕林君

合作、应聘、投稿、为图书纠错，请联系

邮箱：genglinbook@163.com
新浪微博 @耕林童书馆

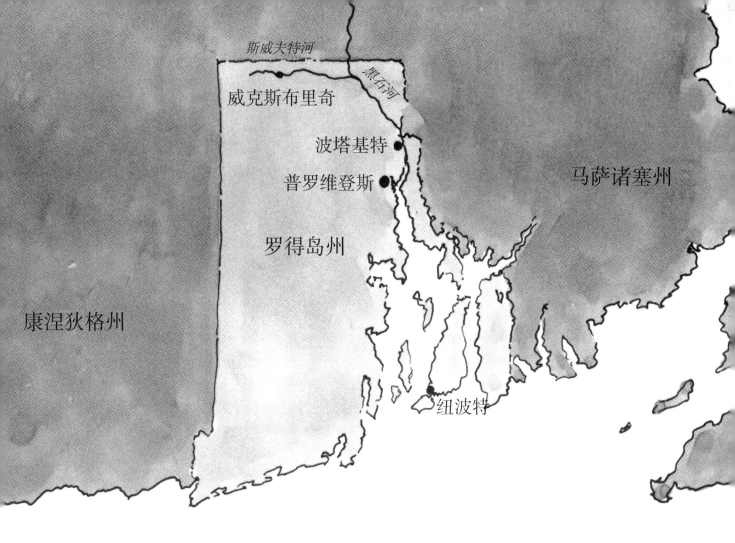

斯威夫特河

黑石河

威克斯布里奇 ●

波塔基特 ●

普罗维登斯 ●

马萨诸塞州

罗得岛州

康涅狄格州

纽波特 ●

前　言

　　本书中的工厂是作者虚构的，位于美国新英格兰地区[*]一个叫作威克斯布里奇的地方。这些工厂从设计、建造到生产运营，和当地 19 世纪真实的工厂几乎一模一样。

　　当时，要想在新英格兰地区建一家工厂，不仅要有极大的野心和志向，投入大量的钱财，更要有相当的聪明才智，并付出艰辛的劳动。如果这些工厂能够一直保留到今天，并能得到我们很好的保护，使它们旧貌换新颜，这就是对当初那些建造者们卓越工作的最大尊重。

　　一段时间里，工厂成了财富和个人成功的象征，吸引着越来越多的人来到工厂所在地，工厂周边逐渐发展起密集而繁华的社区。今天，这些工厂在原地依然屹立不倒，但已经成为历史遗迹，它们的存在似乎提醒着我们一个道理：有所得，必有所失。

---

* 注：新英格兰是美国本土的东北部地区，包括马萨诸塞州、罗得岛州、康涅狄格州等美国的 6 个州。

画给孩子的历史奇迹

工厂

水力驱动了工业革命？

[美]大卫·麦考利 / 著   刘勇军 / 译

江苏凤凰少年儿童出版社

要用棉花织布，必须先把棉花纺成线。在好几个世纪里，这项工作都是人们在家中手工完成的。首先把棉花清理干净，准备好，然后仔细捻搓，做成长长的细线缠绕在纺锤上，随后再把纱线装到织机上织成布匹。

到了工业革命时期，各种前所未有的科技发明大量涌现。纺纱和织布开始实现机械化，纺织业由此诞生。工业革命起始于18世纪中期的英格兰，一直持续到19世纪，影响遍及欧洲和美国。

那时，人们设计建造了一种全新的建筑形式，以便放置大量新型机器，并通过一个中央动力源驱动所有机械运转。这些建造于英格兰和苏格兰的呈细长型的多层建筑，有些使用水轮驱动其中的机械，有些则通过蒸汽机驱动，人们称之为制造厂或工厂。

这些工厂可以实现大批量生产，从而使商品产量大增，因此需要开发新的市场，同时保护已有市场。作为将纺织品出口至欧洲和北美的主要出口国，英国小心翼翼地守护着机械和生产工艺方面革新的信息，提防竞争者。美国则缺乏专业技术，且纺织品进口供应充足，因此本国的纺织业难以得到发展。

然而，在18世纪的最后25年里，这种情况开始悄然改变。在此期间，美国在政治上获得了独立，越来越多的美国人还希望拥有更大的经济独立。美国欢迎熟悉纺织业的英国人带着他们的技术移民。1793年，新移民塞缪尔·斯莱特利用黑石河道水力，在罗得岛州的波塔基特建造了一家棉纺厂，这是美国第一家运营成功的棉纺厂。

18世纪90年代前，美国还无人了解使用水力驱动机械把棉花纺成纱这一技术，而许多其他行业却早已利用水力驱动机器。因此新英格兰地区几乎每一条河边都至少有一座磨坊，通常还不止一座，有大有小。

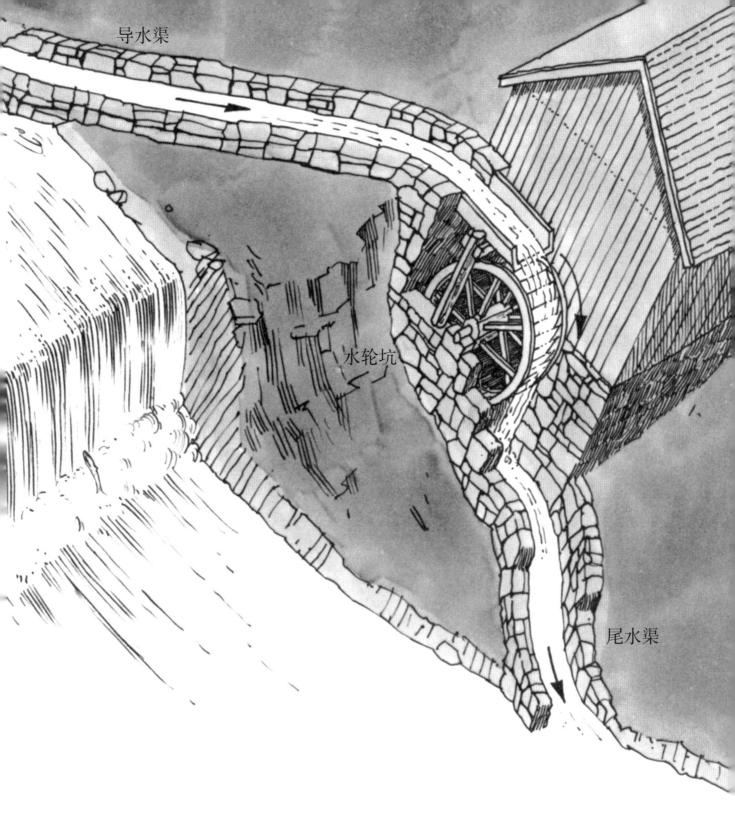

导水渠

水轮坑

尾水渠

　　斯威夫特河是黑石河的一条支流,位于波塔基特以北近 25 千米处。1800 年,斯威夫特河上的一条瀑布附近坐落着一家锯木厂、一家缩绒厂和一家磨坊,它们都使用水轮提供动力。每一架水轮都在石头围成的水轮坑中转动,每一个水轮坑都通过水渠与河流连接。向水轮输水的水渠被称为"导水渠";在水流转动水轮后,把水流导回河里的那部分水渠被称为"尾水渠"。

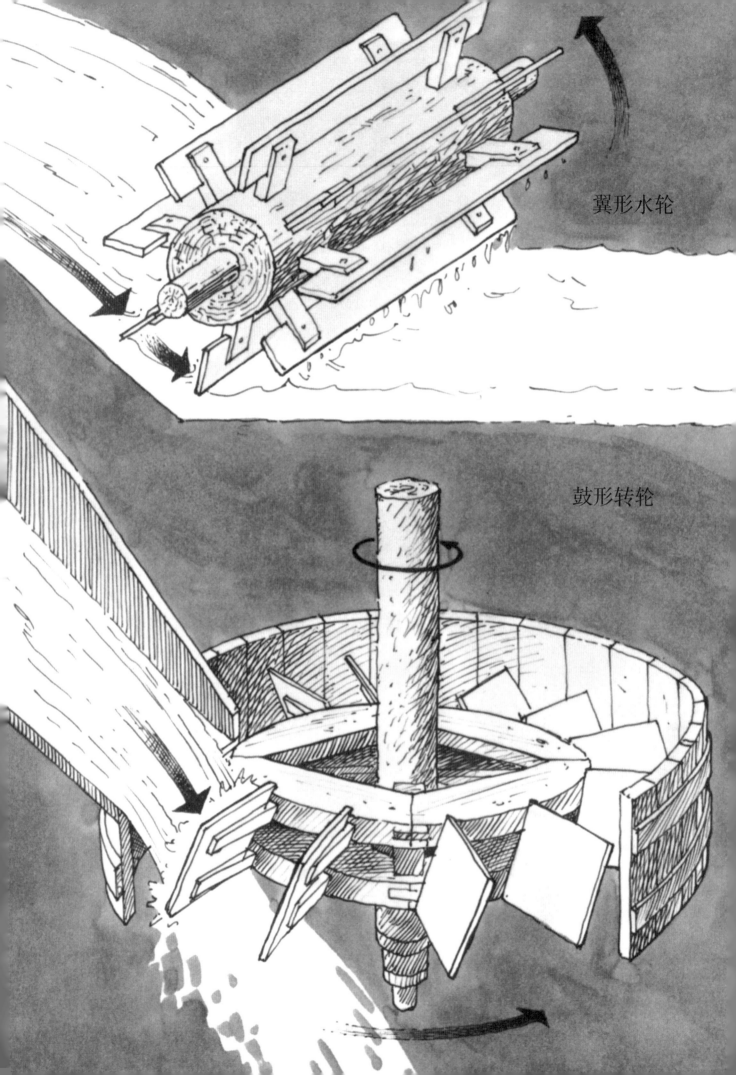

翼形水轮

鼓形转轮

锯木厂设有两种水轮。一种被称为"翼形水轮"，在原木送入锯片时它可以驱动锯子上下运动。翼形水轮的主体是一根横轴，上面呈辐射状地装有很多木板，这些木板叫作"叶片"。水流从翼形水轮下方流过，推动叶片，翼形水轮随之转动。

　　另一种水轮被称为"鼓形转轮"，它是在原木切割完毕后，为收集木材的机械提供动力。鼓形转轮也要依靠水流推动叶片才能转动，它的叶片是安装在立轴上的，周围围有一圈木板。

　　在缩绒厂中，当地家庭编织的毛呢通过木槌敲打进行清洁和加厚处理，这些木槌由"下射式水轮"驱动。虽然比翼形水轮大很多，下射式水轮同样依靠下方水流冲击叶片产生的力来驱动。

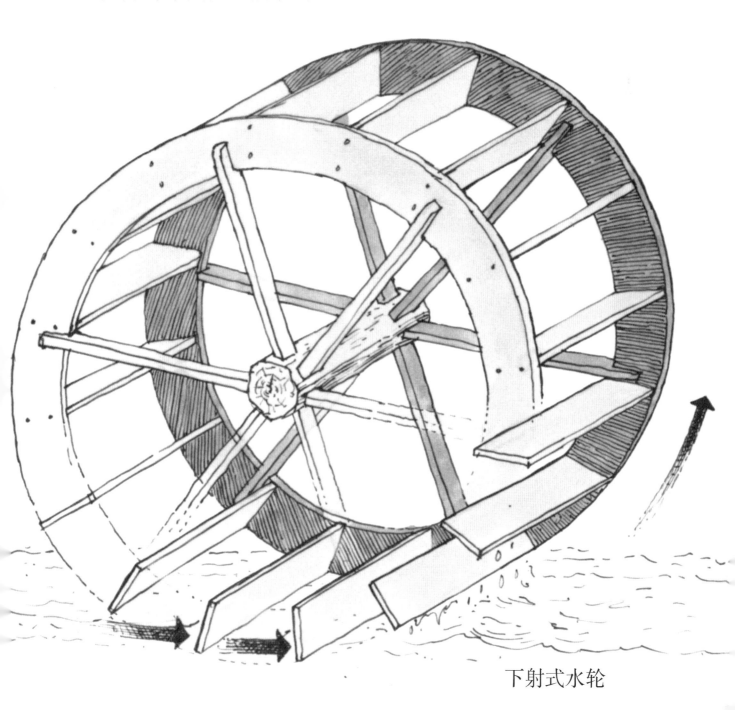

下射式水轮

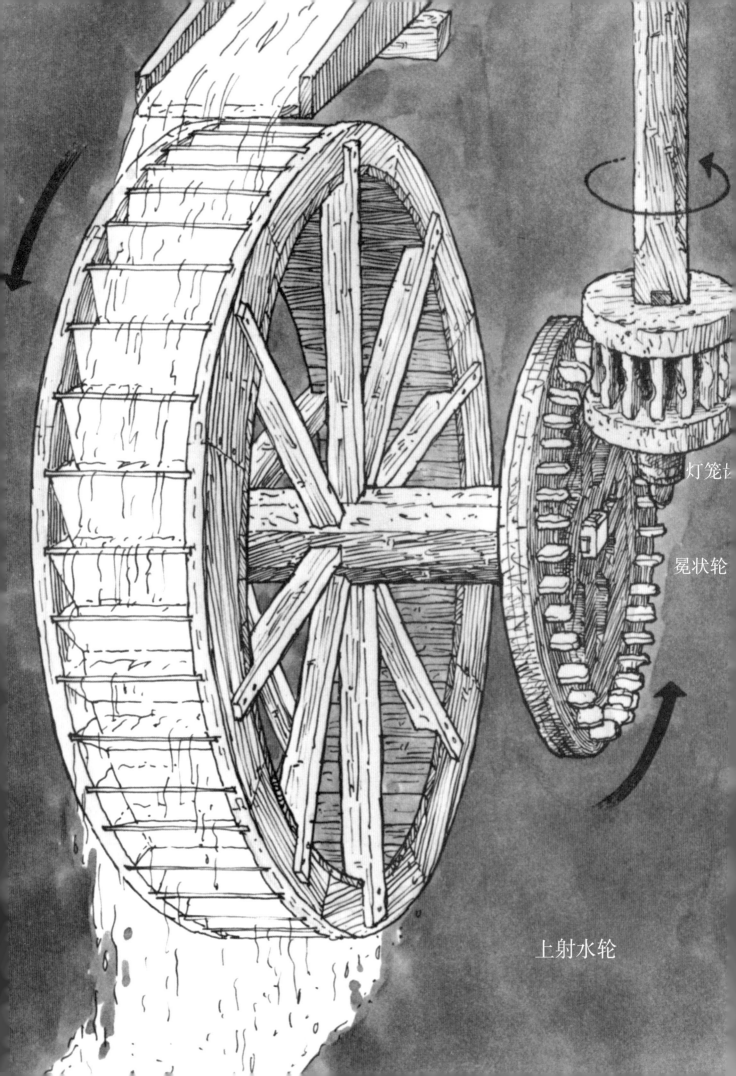

灯笼む

冕状轮

上射水轮

磨坊为当地农民研磨玉米和小麦。磨坊由一个大型"上射水轮"驱动。上射水轮的周围安装有连续的槽状木制水斗——这些水斗与叶片的作用一样。水从导水渠灌入水轮的顶部，冲入水斗，通过水的重量驱动水轮转动。

　　导水渠和尾水渠之间的水流垂直落差被称为"水头"。工厂获得的动力大小取决于水头和水的流速。

　　若工厂内的设备不能由水轮的轴直接驱动，就需要设计一套由齿轮、附加轴、滑轮和带子组成的动力传动系统。在磨坊中，水轮的轴会从水轮坑里延伸出来，伸进一楼下方的空间。一个名为"冕状轮"的扁平木齿轮连接在延伸出来的部分上。冕状轮的外侧靠近边缘处有一圈凸出的木齿。这些木齿和一个名为"灯笼齿轮"的圆柱形、笼状木结构啮合，并将之推动。灯笼齿轮带动一个立轴转动，再通过两个额外的齿轮和一根较小的轴与磨盘相连。灯笼齿轮的直径只是冕状轮直径的四分之一，所以冕状轮转一圈，灯笼齿轮要转四圈。通过较大的齿轮带动较小的齿轮转动，磨盘每分钟可以转100多次，而水轮只转7圈。

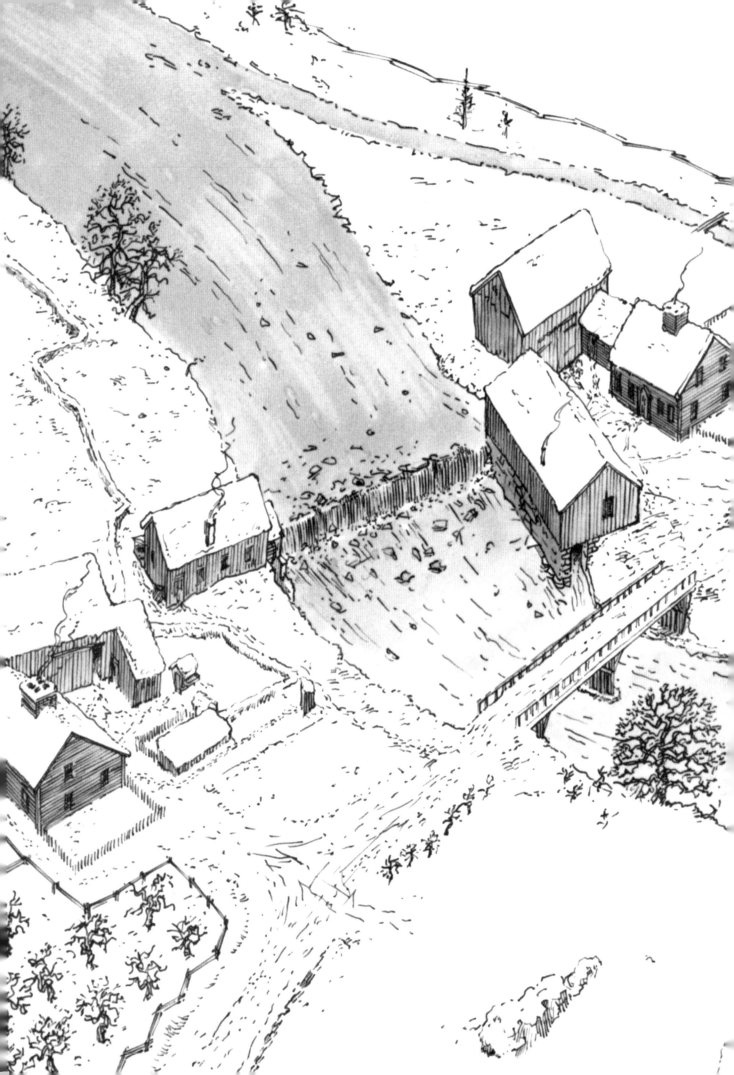

  当时的水力科技、不断普及的新科技知识，以及人们对经济独立的渴望，这三者结合在一起，使得纺织业成为一项新兴行业，虽然谈不上立即获利，却在不断壮大。对于这一羽翼未丰的行业来说，最大的推动力或许是世纪交叠之际，欧洲无意间的推波助澜。

  英国一心想通过自己生产的工业品垄断欧洲市场，从而维持自己在欧洲大陆的经济主导地位。而在拿破仑的领导下，法国则力图建立一个统一和经济独立的欧洲。因此，这两个国家便禁止任何中立国与对方自由通商。由于差不多整个欧洲都处于战争中，真正涉及对外贸易的中立国就只有美国了，因此，英法两国都会骚扰和袭击美国船只。1807年，美国做出反应，下令禁止从外国进口任何产品。1809年，贸易禁令只针对英法两国的产品，到了1810年，则只针对英国货物。尽管商人普遍反对，而且航运业也视之为一场绝对灾难，但这一系列的限令迫使投资者不得不另外寻找其他投资途径。美国纺织业就成了最主要的受益者之一。

耶露纺纱厂

　　1810 年 2 月 27 日，在罗得岛州的普罗维登斯，为了建造和运营一家棉纺厂，几个人展开了合作。其中，西拉斯·威克斯、齐纳斯·钱尼和西尔韦纳斯·钱尼以及贾奇·帕尔东·菲斯克的年纪较大，他们对如何建立一家棉纺厂几乎一无所知。威克斯和钱尼兄弟通过航运和对外贸易积累了可观的财富，菲斯克的财富则来自农业。这些人中最年轻的是 27 岁的扎卡赖亚·普林顿，他在英国长大，对棉纺织品制造很了解。14 岁时，他开始给一个生意兴隆的工厂老板当学徒，之后 8 年里，他在纺纱、织造、工厂管理等各个领域均有涉足。22 岁时，他为了逃脱一场包办婚姻来到美国，很快就找到了工作，替人打理罗得岛州的一间小工厂。成功经营这间小工厂为普林顿带来了"业内最能干的人之一"的名声。

在第一次会议中，大家商议决定，由每一位合伙人负责这一新生意的某一个方面。威克斯和贾奇·菲斯克夫妇将出钱购买机器和起步阶段使用的棉花，钱尼家提供建造工厂所需的材料、工人和资金，普林顿则要设计和监督工厂的建造并在工厂建成后担任经理。在普林顿的建议下，几位合伙人同意使用约750个锭子来纺棉纱，并采用水力驱动。

普林顿很快就编制了一份备选厂址清单。3月19日，周一，他着手选择最佳地点。他最关心的问题包括：厂址是否靠近河流从而利用水力，是否接近公路或运河而便于运输。对于每个备选地址，他首先要评估河水流速，判断最大水头。

400 米   270 米

瀑布

3 米

急流   1 米

1.5 米

斯威夫特河纵断面图

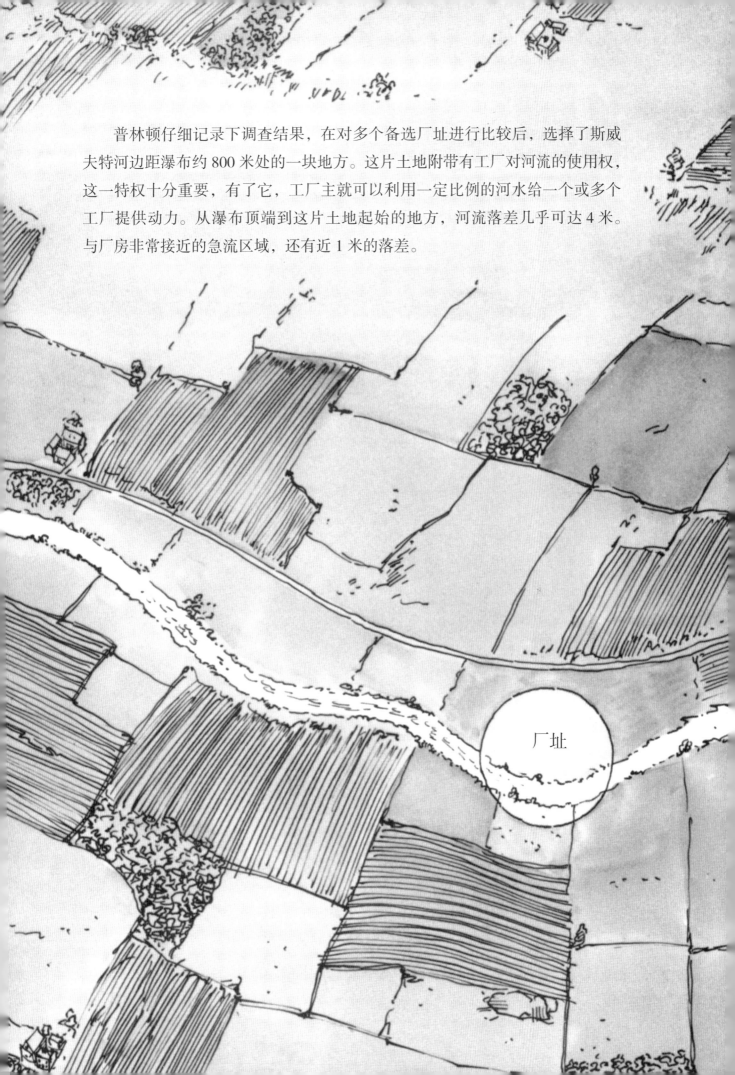

普林顿仔细记录下调查结果，在对多个备选厂址进行比较后，选择了斯威夫特河边距瀑布约800米处的一块地方。这片土地附带有工厂对河流的使用权，这一特权十分重要，有了它，工厂主就可以利用一定比例的河水给一个或多个工厂提供动力。从瀑布顶端到这片土地起始的地方，河流落差几乎可达4米。与厂房非常接近的急流区域，还有近1米的落差。

厂址

回水情况下的水轮比较

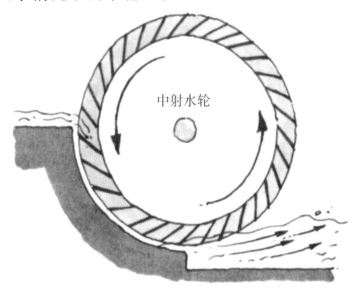

中射水轮

上射水轮

　　回到普罗维登斯后，普林顿便着手设计能最有效利用河水动力的水轮。他计划在急流中建造一座水坝，从而形成 2 米左右的水头，同时还不会影响上游的工厂。根据机器的需要，他综合比较了各种类型的水轮，最后选择了中射水轮。和上射水轮一样，中射水轮也是依靠水斗内水的重量转动，但并不需要很大的水头。河水并非从中射水轮顶部灌入，而是从上游一侧流入水斗中。在水的推动下，中射水轮转动的方向与上射水轮的正相反。中射水轮的转动方向有利于把回水排走，而上射水轮的转动方向则会把水带到水轮底下。

　　上游一侧的水轮坑底部会被精心修建成与中射水轮边缘形状相一致的弧线。这一弯曲底部被称为曲线部，底部和水轮之间的空隙很窄，使水留在水斗内，直到抵达转周的最低点。

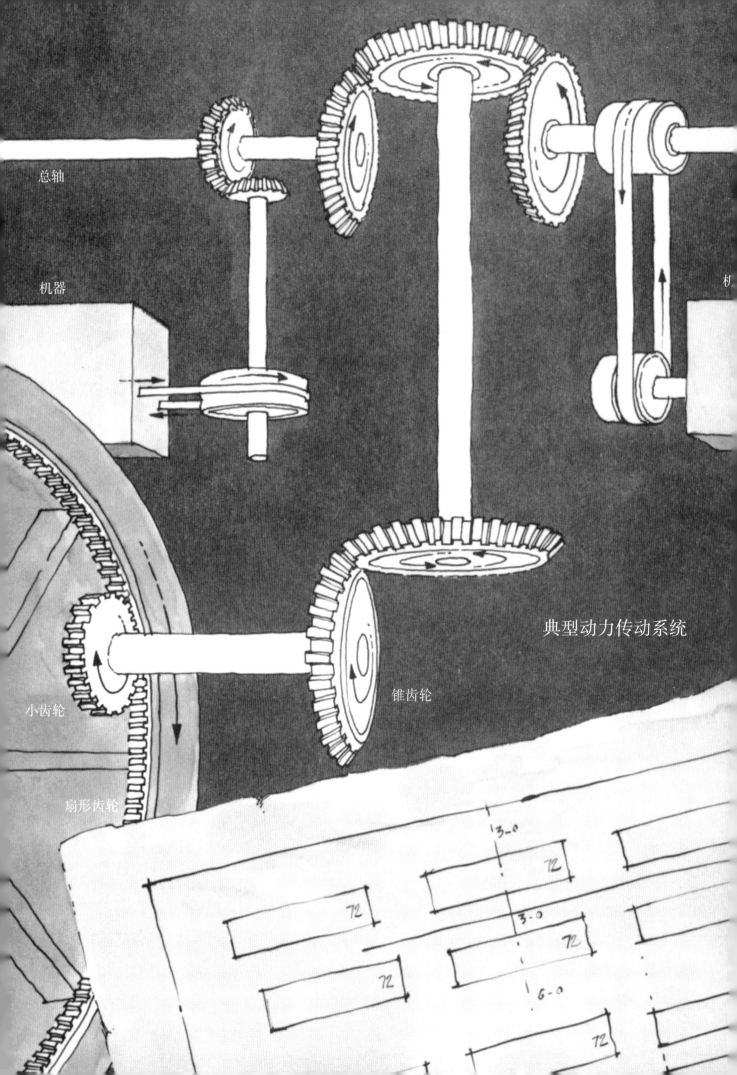

总轴

机器

材

小齿轮

扇形齿轮

锥齿轮

典型动力传动系统

虽然可以根据工厂要容纳的机器数量来规划工厂厂房，可若是不先设计出动力传动系统，普林顿就不能确定厂房的精确尺寸。水轮的旋转运动通过锥齿轮带动一根立轴旋转，再通过另外一套锥齿轮带动一根被称为总轴的横轴旋转。每台机器都通过一个小的垂直传动轴或者环状的绳或皮带与总轴连接。

　　在确定了最长的总轴长度后，普林顿就可确定厂房的长度。厂房的宽度则首先取决于沿总轴布置机器的范围，其次要使围墙尽可能靠近机器，以便工作时能得到最好的采光。

　　在当地，木料是最容易取得的建筑材料，最为实用。而普林顿在英格兰接触到的厂房多是砖石建筑，所以他聘请了一位名叫本杰明·奎格的设计师为工厂建筑设计木构架，并监督建造工作。

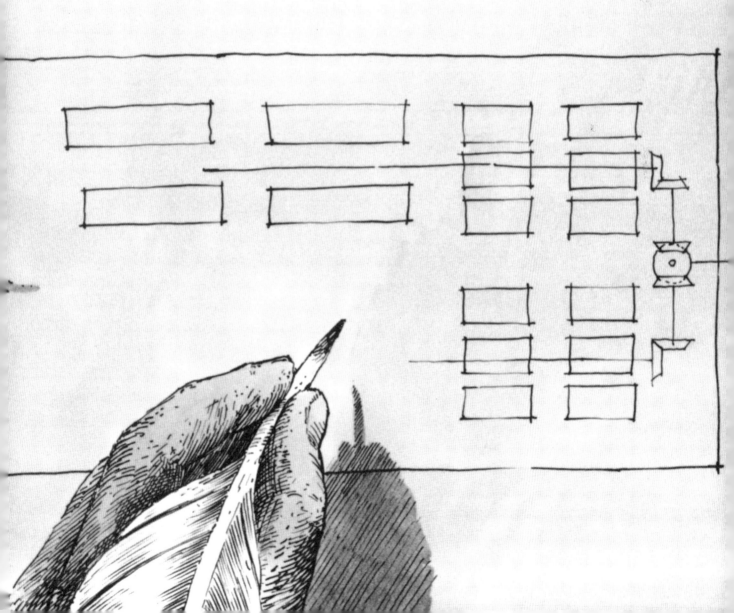

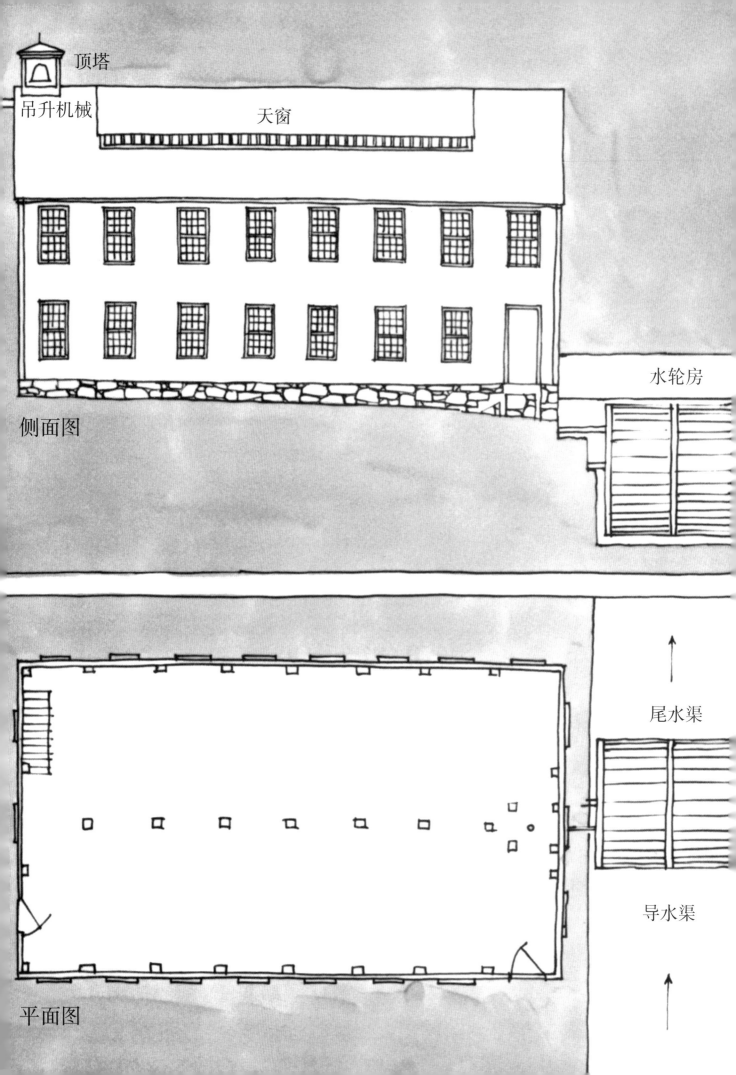

顶塔

吊升机械

天窗

水轮房

侧面图

尾水渠

导水渠

平面图

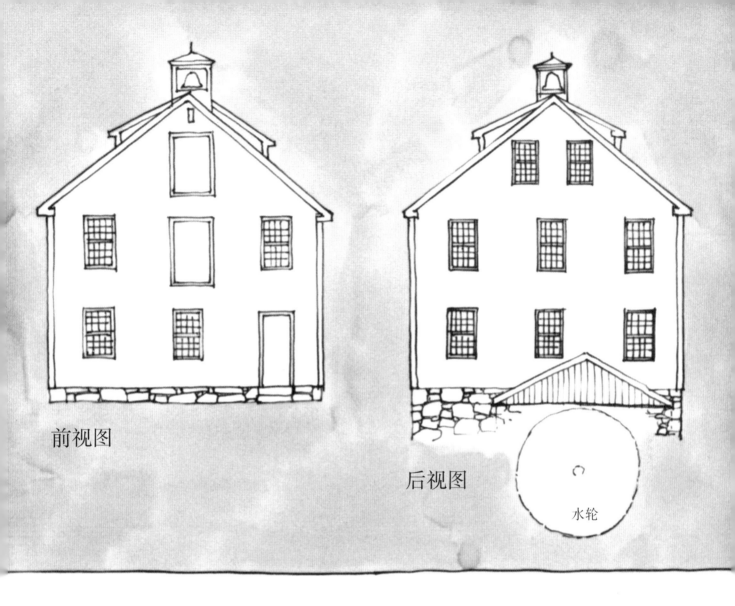

前视图

后视图

水轮

　　4月初，普林顿把设计图提交给了他的合作伙伴。这座工厂长约 20 米，宽约 10 米，共两层，还设有实用的阁楼。低层安装了较大的窗户。在屋顶的两侧，安装有两排窄条形天窗，为阁楼采光。他在厂房的一端设计了一个小型棚屋，用来放置水轮；在厂房另一端的屋顶，设计了一个简单的顶塔来放置大钟。

　　合作伙伴们都很满意普林顿的成果，并且敦促尽可能快地开始建造工作。

　　奎格粗略估算了壁板、屋顶和地面所需的木料数量，然后前往厂址附近的多家锯木厂，收购了他能找得到的最好的木料。普林顿则留下来订购窗框、玻璃、钉子、工具和各种铸铁件，这些东西都在普罗维登斯制造。

　　两天后，普林顿去瀑布附近的老鹰客栈和奎格会合。他们在那里租了床位，工程开展期间他们都将住在那里。

　　第二天早晨，奎格开始砍伐他标记好的树，用来建造工厂的主框架。与此同时，普林顿与当地一位农夫协商好，从他的土地上一片裸露的岩架上采石，用于建造基础和水轮坑。

　　又过了两个星期，大约 12 个人（大多数都是借住在附近农场的流动散工）已经开始进行采石工作，并把石头装到木橇上。

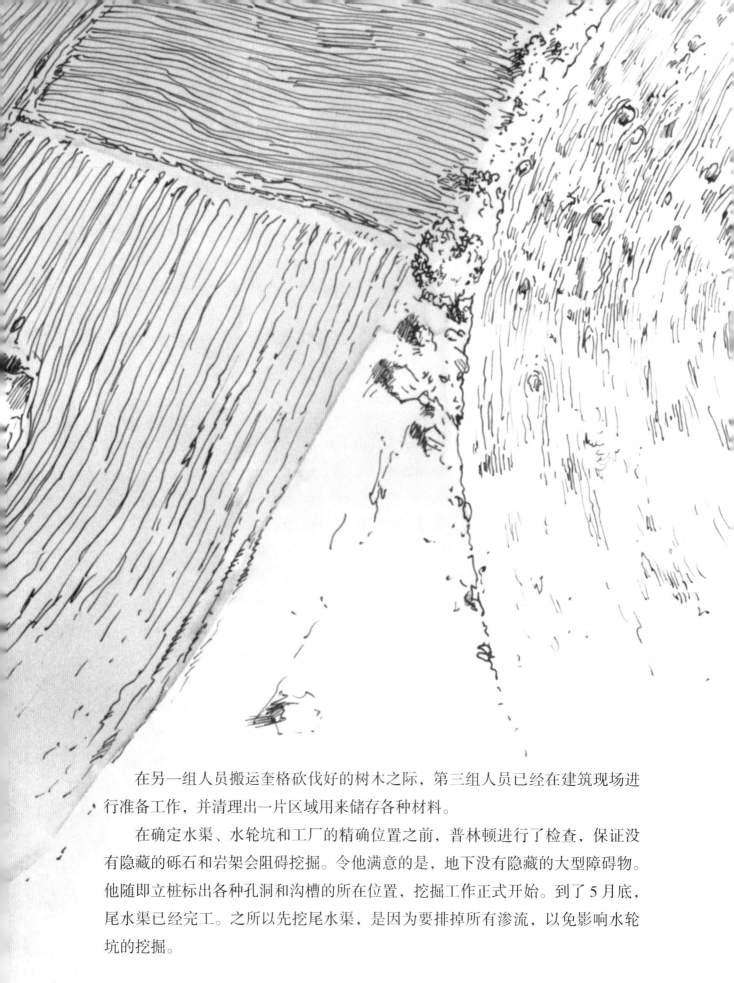

　　在另一组人员搬运奎格砍伐好的树木之际，第三组人员已经在建筑现场进行准备工作，并清理出一片区域用来储存各种材料。

　　在确定水渠、水轮坑和工厂的精确位置之前，普林顿进行了检查，保证没有隐藏的砾石和岩架会阻碍挖掘。令他满意的是，地下没有隐藏的大型障碍物。他随即立桩标出各种孔洞和沟槽的所在位置，挖掘工作正式开始。到了5月底，尾水渠已经完工。之所以先挖尾水渠，是因为要排掉所有渗流，以免影响水轮坑的挖掘。

普林顿在水轮坑底部铺了一层木板，既可以通过减少摩擦力以加速水的分流，也可以避免水流冲蚀两边侧壁下方的泥土。随后建造曲线部，使它固定在地面和墙壁上。将每一根弯曲的木肋材安装完毕后，奎格铺上厚木板，将它们固定起来。曲线部的内部空间用石块填充。在奎格把最后一块厚木板钉好之前，普林顿按照迷信的说法，让一枚硬币滑落进曲线部里面，以求好运。那枚硬币是他在英格兰第一次挖掘水轮坑时发现的一枚古罗马硬币。

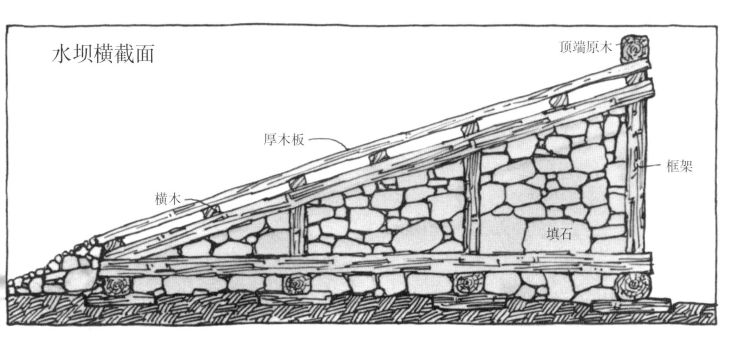

水坝横截面

顶端原木

厚木板

框架

横木

填石

8月初，河水水位降至最低，奎格将精力放到了水坝的修建上。水坝位于急流的下段，包括两条同样的木坡道，这两条坡道将从两岸的石墩处探出，向河心但略偏向上游的方向延伸，最终在河心交会。每条坡道最高处达1.8米，底部的长度约为7.5米。工人在岸边组装好框架，但在将之搬运到指定地点之前，先要把河床上的水排干。排水是使用临时水坝（围堰）一部分一部分将水排干的。围堰从河岸开始，延伸到河流中央，由拖拉到指定位置的大型木篮组成，木篮里装满石头，使之沉底。还在石头间的缝隙处填满黏土，进一步密封这一屏障。

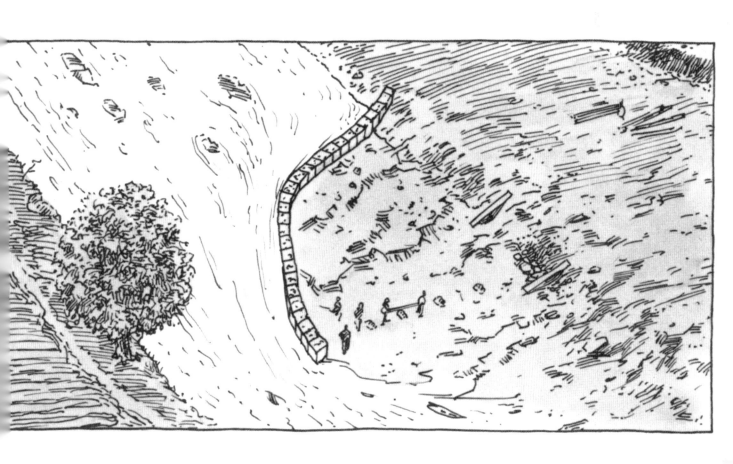

围堰后方的水被排干之后，就会把河床上松散的石头和碎石清理走，再将沉重的木料放进河床上开凿的沟槽里，并用铁棒把它们钉紧固定。然后把水坝的框架固定在这些木料上，使用横木连接在一起。框架内的空间也用石块填满，然后再用一层厚木板覆盖在框架表面。水和石头的重量将把水坝的位置固定住。在水坝顶部，奎格还增加了顶端原木，从而减少厚木板边缘的磨损。当一半水坝完工之后，围堰就将被拆除，再在河的另一边进行同样的工序。

　　在建造水坝的同时,大部分导水渠已经挖掘完毕,水渠的内侧衬底也已完工。接近导水渠入口处的河堤暂时不挖开,以免在水轮坑所有建造工作完成之前水就流进去。

　　在导水渠靠近水轮坑的位置,普林顿挖掘了一条较小的水渠,名为"泄洪道"。其作用是防汛,以及在维修时排干导水渠里的水。

9月，建筑的石造部分完工了，建造工厂所需的大部分木料都已运抵现场。在锯木厂切割厚木板的同时，奎格带着一些技术娴熟的助手把所有梁柱砍劈成所需的形状和大小。

很多梁柱都是通过凸榫和榫眼固定在一起的。凸榫是突出的舌状物，通过精确切割，可严丝合缝地插进与之相配的、名为榫眼的狭槽里。然后在每个连接处都使用木销钉加固。凸榫、榫眼和木销钉眼的切割、钻孔以及是否匹配的检查，都要在组装开始前进行。

基础砌筑完成后，上面要覆盖沉重的木梁——底框梁。然后一排平行的地板梁两端嵌入底框梁中，中间架在石柱上，横跨基坑。被称为"搁栅"的较小的横梁连接起地板梁，支撑着两层 2.5 厘米厚的木地板。

　　工厂的主结构是一排 9 米宽的框架，它们将被竖立起来，彼此平行，并使用坚固的水平横梁固定在一起。每个框架之间的距离被称为柱距，大约 2.2 米。框架事先组装好，然后依次平放在将要安装的位置附近。

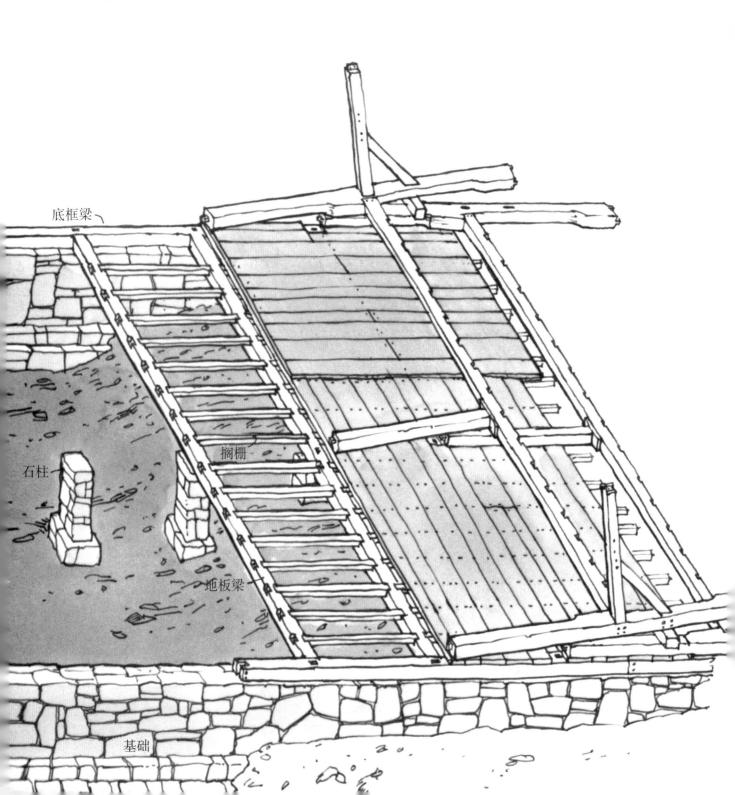

底框梁

石柱

搁栅

地板梁

基础

8 月 31 日晚上，最后一部分框架的最后几块木料正在组装时，一辆溅满泥浆的马车驶入了老鹰客栈后面的院子里。普林顿在那里迎接威克斯、钱尼兄弟和他们的家人。他们来这里是为了在第二天观看竖立框架这一工序。

　　第二天一大早，威克斯和钱尼家的人来到工地，此时来自周边农场的 150 多号男人、女人和孩子早已聚集在这里。对于在他们的乡村兴建工厂，有些农夫不愿意帮忙，可其他人则很高兴能为建厂出点儿力，这样他们的农产品和各种技能也将有一个新的市场。

将几位访客安顿好之后，奎格就下令立起第一个框架。他们先临时架起一根"起重把杆"，使它与地面保持垂直并加固好，再在杆上安装绳索和滑轮，然后用绳索和滑轮小心缓慢地把第一个框架吊升起来。每一根立柱下面的凸榫都会被对准并轻轻插入底框梁上的榫眼。一旦框架竖立起来，就要保持稳定不动，然后使用起重把杆和带尖头的杆子将相邻的框架竖立起来。相邻的两个框架在

第二层的位置通过两根水平梁（柱间连系梁）连接在一起，在阁楼的高度则通过另外两根水平梁（板梁）连接。板梁通过横跨工厂的梁固定位置，并将每个框架的立柱连在一起。全部完成后，再使用斜撑杆进一步加固整体结构。沿建筑的长边重复这一过程，依次立起框架。下午较晚的时候，整体框架基本竖立起来，组装完毕。

　　最后一根木钉刚钉好，人群就爆发出响亮的喝彩声。很快，一场酣畅淋漓的派对拉开了序幕，派对延续到食物吃光，酒也喝干。接近凌晨 1 点，最后几位工人返回他们各自居住的谷仓和农舍，派对才算结束。

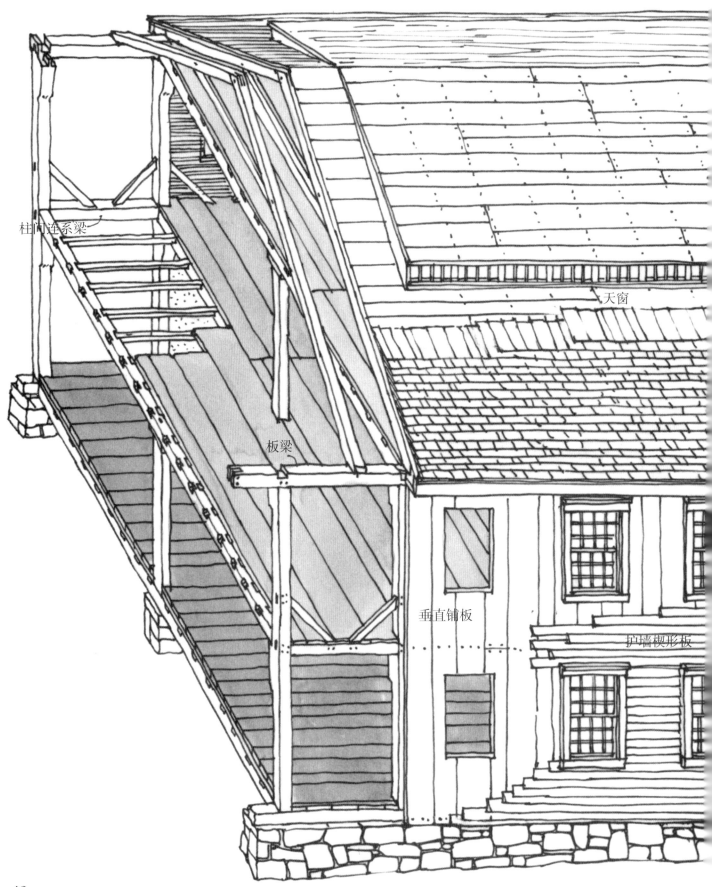

柱间连系梁

天窗

板梁

垂直铺板

护墙楔形板

　　周一早晨，普林顿来到建筑工地，工人们已经用沉重的垂直铺板把一部分房屋架构封闭起来了。奎格则爬上爬下，监督二层的建造。

　　阁楼地板完工之后，屋顶构架的部件就被吊升上去，组装搭建起来。当所有构架都完工之后，先在屋顶覆盖一层铺板，再覆盖一层交叠的木瓦。每面墙壁也都安装了垂直铺板，之后又交叠铺设水平木板（护墙楔形板）进行密封，并刷成黄色。

　　此外，垂直铺板内表面还要覆盖一层窄木条，也就是条板，等到窗框安装完毕后，就在条板上涂厚厚一层灰泥。

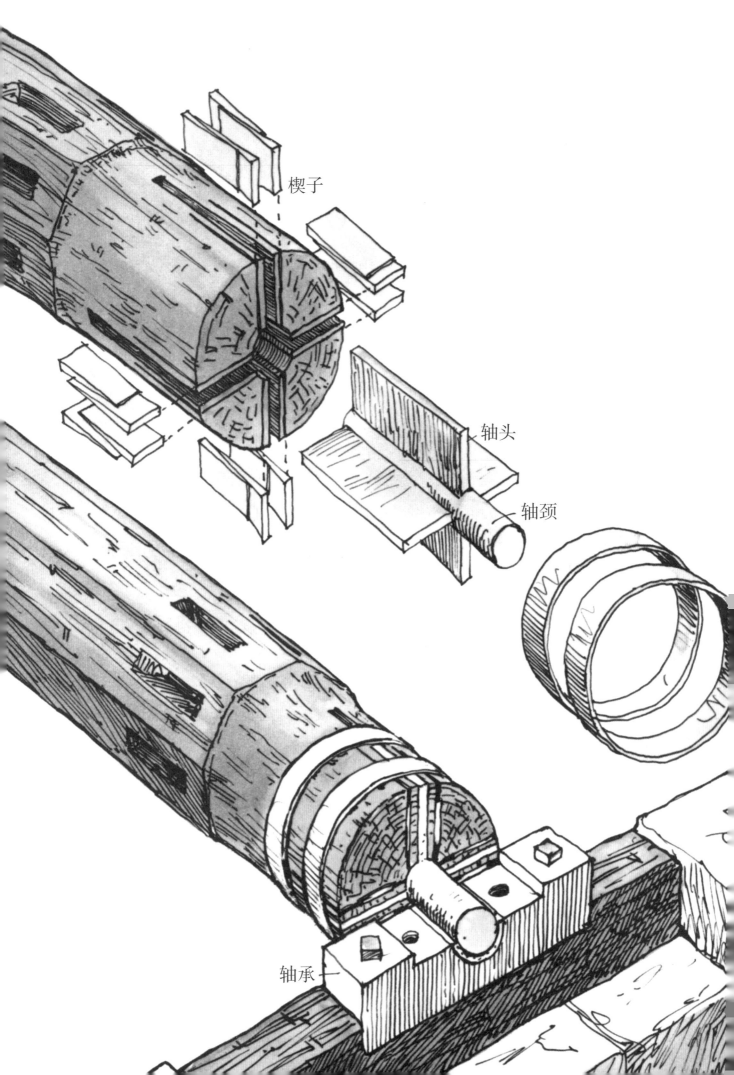

楔子

轴头

轴颈

轴承

辐条

曲线部

辋板

　　在奎格监督厂房建造之际，普林顿则在集中精力制造水轮。水轮和水轮坑之间的空隙越小越好，因此，每一部分的大小和形状必须经过仔细检查后，才开始切割。工人们首先把承担水轮重量的木轴做成需要的形状，随后切割辐条，并将之安装在木轴上的狭槽内。水轮的轮圈由一段段厚木板组成，叫作"辋板"，轮圈则安装在辐条的顶端。经过精心测量，普林顿在辋板内侧切割出了很多细槽，插入叶片之后就做成水斗。

　　工人把铁质轴头楔进木轴两端的狭槽内，并使用铁箍加固。轴头上突出的圆柱形末端被称为"轴颈"，它将在铸铁轴承上转动。轴承固定在水轮坑两边，每个轴承都内衬青铜，从而减少摩擦力。工人将木轴放置就位并确保水平，再把辐条插入，并装上轮圈。

随后工人就要用厚木板封闭轮圈之间的空间，围合后的形状看上去像个大木桶，它被称为"封圈"。封圈不仅可以把水轮的侧面连接起来，还可以充当水斗的底部。

水轮最后需要安装的部分就是水斗的叶片。在每片木板嵌入狭槽之前，要先在木板上钻两个小洞，小洞内侧用一端固定的皮革盖住，这起到阀门的作用，在水流进每一个水斗的时候，这些阀门可自动关闭。水流出时，阀门将再次张开，以免水斗从水轮坑内升起时形成真空——真空状态会影响出水，进而妨碍水轮的旋转。

阀门关闭

阀门打开

水轮安装完毕，就要建造水轮房，将整个水轮坑封闭在里面。

　　工人在导水渠末端和水轮坑之间先建了一扇木门，用它控制进入水斗的水量，进而控制水轮转动的速度。在木门前，横跨导水渠安装了一排"粗筛"，它是由排列紧密的倾斜木条组成的。粗筛作为拦污栅，可以过滤水中的杂物和垃圾，以免这些东西进入水轮坑后毁坏水轮或曲线部。

　　10月初，导水渠前端已挖掘完毕，衬层也已经铺好。普林顿用一根浮木横拦在入口处，作为挡污埂。挡污埂固定在两边堤岸上，可以阻拦较大的漂浮物进入导水渠。

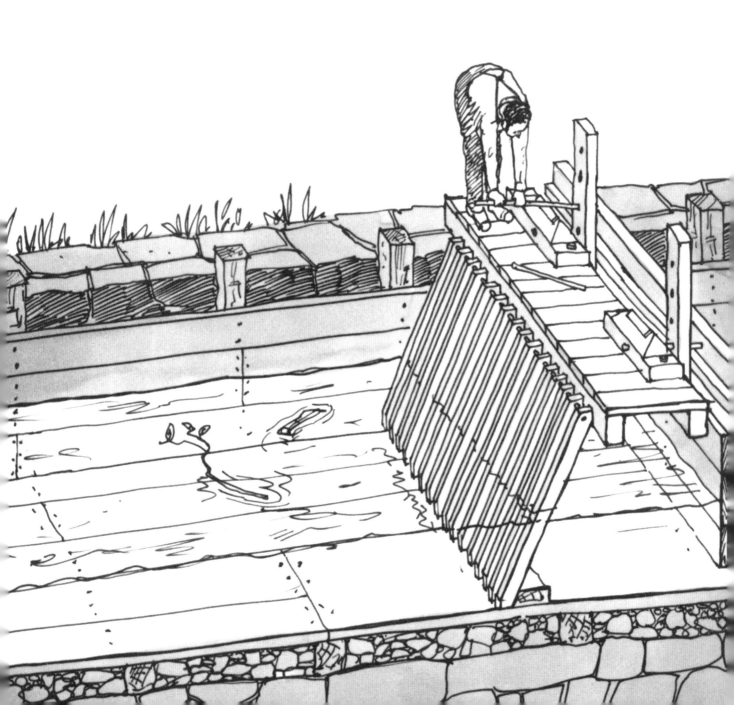

动力传动系统使用的是木轴，搭配铸铁齿轮。齿轮已经分段安装在了靠近厂房一端的水轮轮圈内侧。齿轮的齿牙对着水平轮轴，带动一个小齿轮转动。

　　小齿轮连接着另一根水平轴，这根轴一直延伸到工厂地面下方的空间内，轴的另一端连接着一个垂直的大型锥齿轮。锥齿轮边缘上倾斜的齿牙与另一个水平锥齿轮的齿牙相啮合，这个水平锥齿轮位于一根立轴的底部。

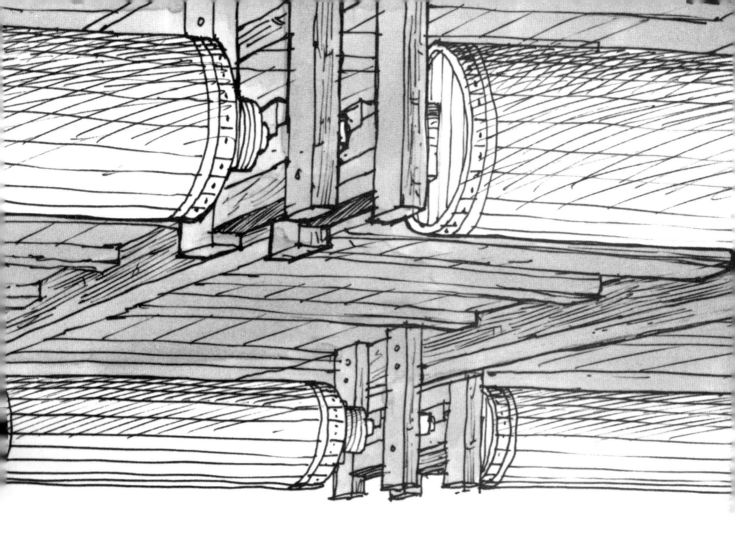

　　水平轴和立轴都是一段段首尾连接而成的，这种设计使得木轴更易于安装和维修。每一段木轴的两端都嵌入铁方杆，并使用一个方形铸铁套筒，将两根铁方杆连接起来，这个套筒名叫"联轴节"。在每根铁方杆上都要切割出轴颈，使其能在轴承上旋转。

　　在水轮房所在的工厂厂房的一端，奎格建造了一副从一层直到阁楼的坚固木框架，用来支撑动力传动系统的立轴，以免其移位。

　　立轴及其齿轮安装完毕后，普林顿就把两根总轴从天花板上悬吊下来，围绕每一段总轴修建狭长的木制滚筒，传动带就绕在滚筒上随之转动。

　　建造动力传动系统的过程中，水轮是被关闭的。在感恩节前，普林顿重新吊起了闸门。渐渐地，水轮转速达到了操作速度，动力传动系统也运转正常。工厂微微震颤着，充斥着刺耳的隆隆声。所有人都放下了工具，一些疑虑较多的工人甚至跑出了厂房。可这震动正是普林顿满意之处，而奎格也始终坚信，他打造出来的工厂能满足扎卡赖亚提出的任何要求。

门窗玻璃安装完毕，多个铸铁炉安装完毕，在内壁木料和灰泥上刷大白浆完毕，至此，工厂厂房就算建造完成。到了 12 月，大部分机器的零配件都已送抵，工人将在冬季的几个月里进行组装。

普林顿购买的所有机器的水平驱动轴一端都有两个并排放置的滑轮，这两个滑轮一模一样，一个固定在驱动轴上，另一个则可以自由转动。

在滑轮旁边，有一根控制杆连接在机器上，名为"移带器"。从主总轴延伸出来的皮带首先绕在那个可自由转动的滑轮上。只要水轮不停，总轴就会持续转动。若要启动机器，操作机器的人只需推动控制杆，移带器就能引导皮带滑下游滑轮，绕到固定在机器驱动轴的固定轮上。

次年 3 月，第一批棉花送达工厂。普林顿派人把它们送到附近的几家农场，在那里棉花将被清理干净，这道工序名为"清花"。虽然棉花中的籽在种植场里就已经被轧棉机去掉了，可这些棉花里依然混有小树枝、树叶、昆虫和泥土等等。清花工序需要把原棉放在一个木架上，使用棒子敲打，把杂质都打掉。经过清理的棉花随后被送回工厂，所有干净的棉花混合在一起，形成品质较为均匀的材料。

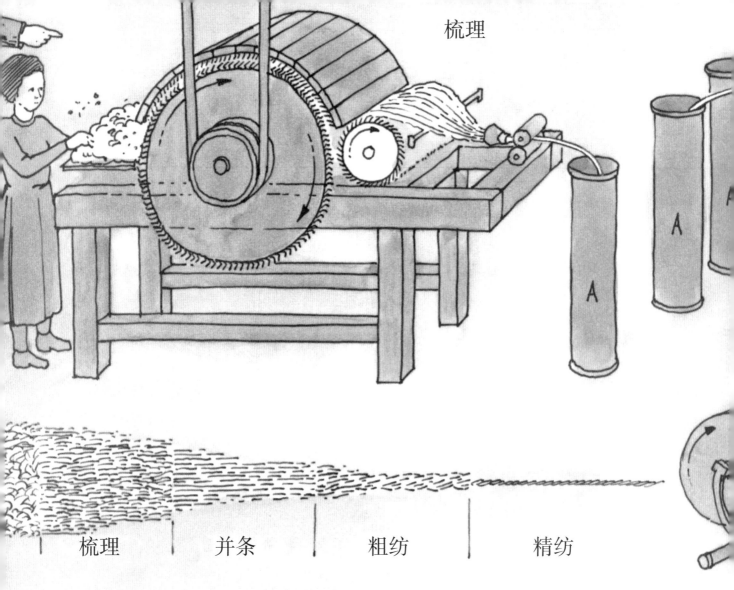

梳理

梳理　　　　　并条　　　　　粗纺　　　　　精纺

　　4月，大多数机器都已安装就绪，普林顿急于试运行，这也是人之常情了。他先把一些混合过的棉花送入梳棉机，棉花经过机器上一层层彼此相对的金属丝齿状物，纠缠在一起的棉纤维将被拆解开并排列梳理。从机器里出来的是棉纤维大致平行、松松垮垮连接成条状的梳条。接下来，普林顿小心翼翼地把多个梳条送进一台机器里，进行并条，也就是把这些梳条结合起来并拉伸成更强韧的梳条。他会重复进行几遍并条的程序。加工完的梳条随后会被送进粗纺机里，梳条在这里进行进一步并条加工，之后掉进一个名为"引捻罐"的转动容器里进行弱捻。经过这一工序的棉花被称为"粗纱"，接下来就要把粗纱从引捻罐里取出，然后缠绕放置在筒管内。

　　缠满粗纱的筒管积攒到一定数量，就被送到楼上的翼锭精纺机里。精纺机的工作类似于并条工序，但更为精致。要把加工好的纱线缠绕在筒管上，筒管位于锭子上，普林顿使用的精纺机有72个锭子。这台机器纺捻的力度要大很多，紧紧缠绕在筒管上的纱线接下来将被绑成捆，称为"绞"，准备运给制作布料的织布工。

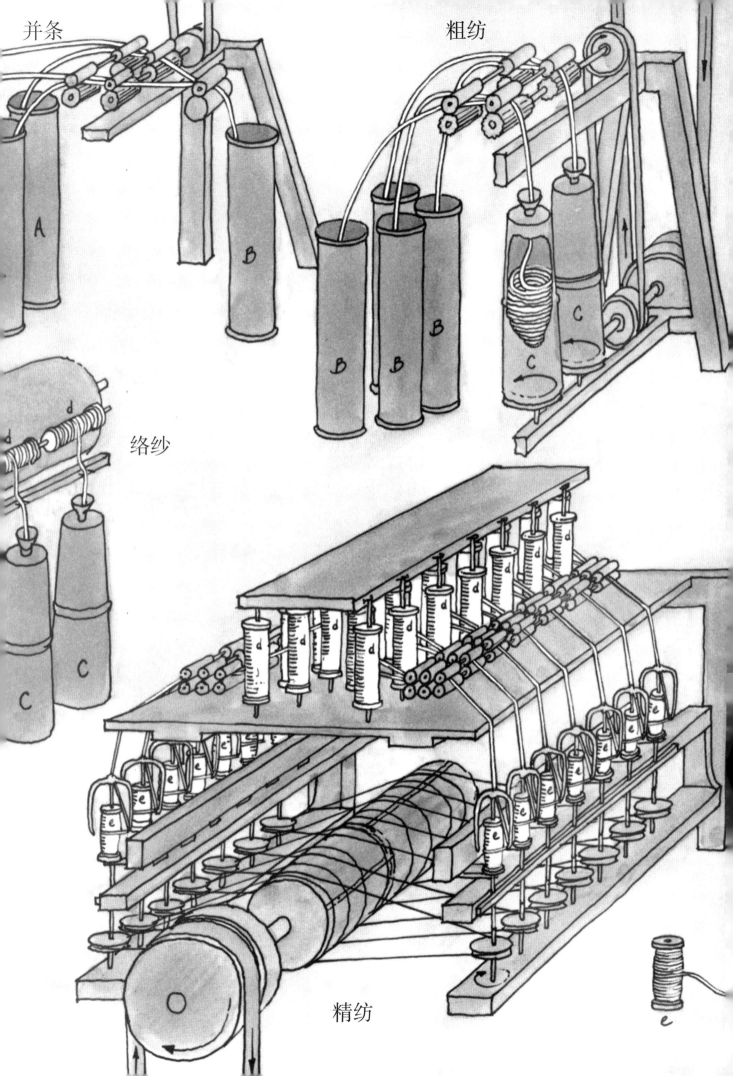

并条

粗纺

络纱

精纺

　　就在普林顿组装和测试各种机器的时候，奎格则在监督建造厂房周围的一些较小的配套建筑，包括距离厂房最近的仓库和稍微远一些的厕所。在厂房和大路之间，他建造了两座一模一样的木屋，供工人居住，还给普林顿建了一座石砌小屋。

　　到了 4 月中旬，只有一小部分建筑工人还留在工厂所在地干活儿，其中两人请求在厂里长期工作。4 月 29 日，奎格和其他建筑工人到上游约 10 千米处建造另一家新工厂。

　　第二天，一位名叫露西·特里普的寡妇带着她的 5 个孩子来到了工厂，很快就把他们为数不多的行李搬进了一座木屋。普林顿已经雇佣特里普太太，让她打理一座木屋，并照顾另外两名寄宿的工人，其中一人名叫卢瑟·达格特，他将负责管理纺纱车间。特里普家的 5 个孩子从 6 岁到 13 岁不等，都将在工厂里做工。

　　第二座木屋由瑞泽福·斯派洛夫妇和他们的 3 个十几岁的女儿居住。斯派洛夫人也要照顾两名寄宿工人，她的女儿们也要在工厂里做工。斯派洛先生则在工厂附近打零工，并在仓库那边经营一家内部小商店。工人可以在小店里买到他们不能自己种植或制作的东西。虽然薪水使用美元和美分计算，可工人很大一部分薪酬都由内部商店里的货物抵偿了。普林顿的账目上记载着工人赚了多少钱，而斯派洛先生的账目上则记载着他们花了多少钱，每月一次进行互相扣减。到了年底，工人的工钱若有剩余，就以现金支付。

　　卢瑟·达格特的工钱是每天 85 美分，其他男性工人则是将近 75 美分。女工每天能赚到大约 35 美分，童工每天的工钱平均是 15 美分。因为使用了房子和房子周围的小块土地，特里普太太和斯派洛一家每年要支付给工厂大约 20 美元。特里普太太每年还要给附近的一个农夫 12 美元，雇他照顾她家的奶牛。

61

1811 年 6 月 25 日，第一批成袋的纱线被吊送下来，放到了伊莱沙·克劳福德的马车上。克劳福德为很多纺纱厂工作，雇他来是为了把加工完成的纱线运送给各个织布工，有些织布工住的地方甚至远在康涅狄格州。他还会把加工好的布料送回工厂。在得到普林顿的批准后，这些布料将被运给普罗维登斯的一位布匹商。

扎卡赖亚·普林顿日记节选

1811 年 7 月 4 日	独立纪念日，全体停工。修理了一台翼锭精纺机，给它上了油。还给哥哥写了信。
1811 年 7 月 5 日	小工清晨 5 点敲钟，全体人员晚上 7 点下班。
1812 年 6 月 24 日	今天早晨 9 点半，在普罗维登斯，我和阿比盖尔·钱尼小姐结为夫妻。
1812 年 7 月 7 日	这场和英国的战争打得实在没有必要，不过我估计对纱线的需求会因此增加。
1813 年 3 月 6 日	立轴上的轴头今天又坏了。送回铸造厂更换。
1813 年 7 月 6 日	祝福我和普林顿夫人的第一个孩子出生，是个女儿。我们以我母亲的名字，给她起名为玛丽。
1814 年 5 月 3 日	内德·塔尔博特同意清理掉原来的润滑油，并给水轮轴头、主齿轮和机器涂抹润滑油，除日常工资以外，每周再支付他 25 美分。
1814 年 8 月 3 日	我们的儿子威廉今天凌晨 3 点 15 分出生。母子平安。
1814 年 12 月 30 日	只剩下最后 1 考得 * 柴火了，从要价最低的 J. 斯潘塞先生那里又订了 10 考得。
1815 年 4 月 10 日	12 岁的安娜·特里普今天给梳棉机送料时失去了 3 根手指。警示所有童工今后要加倍小心。
1815 年 6 月 6 日	新的清花机安装完成，再也不需要把棉花送出去清花了。
1815 年 8 月 17 日	感谢上帝，我们的二女儿露丝今天出生了。
1815 年 11 月 13 日	这个月有 3 份订单取消。我那些昔日的同胞正用他们大量的廉价布匹摧毁我，也许再打仗就好了。我听说已经有两家工厂关闭了。
1817 年 3 月 27 日	威克斯先生和他的合伙人获得了运营一条收费公路的许可。公路距工厂不远，我们的货物运输会方便很多。
1817 年 10 月 22 日	我们给二儿子取名扎卡赖亚，他的身体似乎比哥哥姐姐们弱一些。
1817 年 12 月 25 日	钟声在清晨 6 点响起。花了两个小时才把水轮和门上的冰除掉。所有机器在 8 点半开始运转。
1818 年 9 月 1 日	我们的三儿子萨缪尔今天出生。新房子就快准备好了。感谢上帝！
1818 年 11 月 16 日	萨拉·特里普今天辞职，她去了沃尔瑟姆的波士顿制造公司工作。
1819 年 1 月 11 日	我们的小扎卡赖亚患哮喘两周后被上帝蒙召。我悲伤不已。在房后榆树下为他挖了小坟墓，还将从弗莱彻那里订购一块石碑。

＊注：考得（cord），木材的堆积单位，1 考得约 3.6246 立方米。

塞琳达·斯派洛给她在康涅狄格州庞弗里特的姐姐的信件节选

1819 年 4 月

我亲爱的普鲁登斯：

  我们都很高兴听到这个好消息，希望婴儿一切安好。我觉得对她来说，塞琳达是个很棒的名字，我感觉荣幸极了。你走了以后，这里的变化并不大。普林顿夫妇可怜的小儿子今年早些时候夭折了。普林顿先生悲痛万分，不过现在似乎好些了。我想工厂的事情分散了他的注意力，让他不会总是沉浸在悲痛中。忙于照看其他几个孩子则让普林顿太太顾不上伤心……萨拉·特里普从沃尔瑟姆写了信来，还问候你呢。她现在一个人操作 3 台织机，每织 100 码布，她就能赚到 1 个多美元。我在这里可赚不了这么多钱，所以时常想着去她那里工作……可她抱怨织布车间里太吵了。虽然我们的工厂里也算不上安静，可我觉得沃尔瑟姆一定要吵得多。我的脚踝不再像从前那样经常肿了，母亲和你说起的病像是也快好了……内德现在在机械车间工作，他有时会来找我。

扎卡赖亚·普林顿日记节选

1820 年 4 月 15 日	今天合作伙伴们同意只纺粗支纱，用来织"黑人布"，南部种植园的绅士用这种布给他们的奴隶做衣服。
1823 年 3 月 15 日	三层安装了两台动力织机，通过二层的总轴给这两台机器提供动力。
1825 年 8 月 19 日	昨天晚上礼拜堂被闪电击中，烧为灰烬。
1825 年 9 月 24 日	在威克斯先生的慷慨捐赠下，今天我们为新礼拜堂竖起了框架。
1825 年 9 月 25 日	今天早晨我们在新礼拜堂的框架下做了礼拜。
1827 年 9 月 30 日	昨晚整夜狂风大作。河水没过河岸，冲毁了桥梁。锯木厂和缩绒厂损失惨重。
1827 年 10 月 4 日	现在要到 8 千米外才能过河。威克斯先生计划为我们建造一座结实的石桥。
1828 年 8 月 14 日	新桥令人印象深刻。现在有些人会把我们的小社区称为威克斯布里奇 *。威克斯先生似乎非常满意。
1828 年 9 月 30 日	黑石运河完工，距离工厂仅有 5 千米，运输变得更便利了。
1828 年 11 月 14 日	威克斯先生的资产受到了重创。在东方遭遇的航运损失迫使他出售耶露纺纱厂的股份。西尔韦纳斯·钱尼先生和我买下了这些股份。
1829 年 5 月 22 日	齐纳斯·钱尼先生本周初因肺炎去世。
1829 年 6 月 6 日	西尔韦纳斯·钱尼先生今天告诉我，他继承了他兄长的所有股份。我和我的岳父成了耶露纺纱厂仅有的股东。

---

*注：威克斯布里奇（Wicksbridge），即威克斯（Wicks）和桥（bridge）这两个单词合并在一起。

斯通纺织厂

　　1829年的经济大萧条致使多家纺织厂倒闭。为了在困境中生存,扎卡赖亚·普林顿不得不削减耶露纺纱厂的产量。可到了1830年的秋天,情况出现了巨大变化,产量无法满足需求了。在南方种植园工作的奴隶数量持续增加,生产"黑人布"变得越来越赚钱。由于钱尼家族在纽约的朋友——布匹商沃尔多·里普利的劝说,扎卡赖亚和西尔韦纳斯于10月决定建造一座既能纺纱又能织布的新工厂。这座工厂将拥有2000个锭子、66台织机和运转这些机器所需的所有设备。

机器布局设计好后，就开始设计一座 30 米长、14 米宽的石造厂房。厂房共有三层，还有地下室和大型阁楼。为了获得最大建筑空间放置机器，并在火灾时防止火势从一个楼层蔓延到另一个楼层，楼梯被建在一座封闭的、从工厂前面突出来的大石塔中。石塔每层都有一个装卸平台。为了避免到户外上厕所浪费时间，每层还设有一个厕所，厕所的斜槽将粪便直接排进尾水渠中。

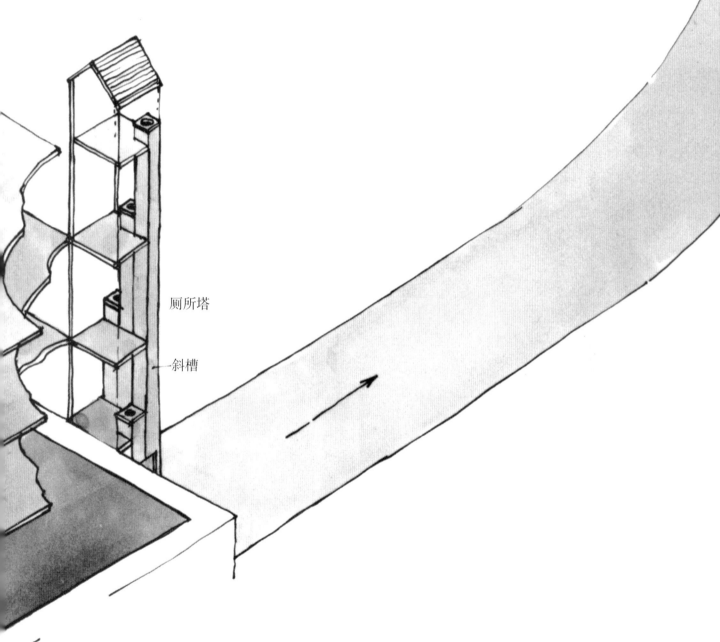

厕所塔

斜槽

　　三层主楼依旧采用较大的窗户采光，阁楼则采用较小的气楼天窗。气楼是提升后最高的那部分屋顶；天窗则指气楼与其两侧较低屋顶之间的两处空隙。

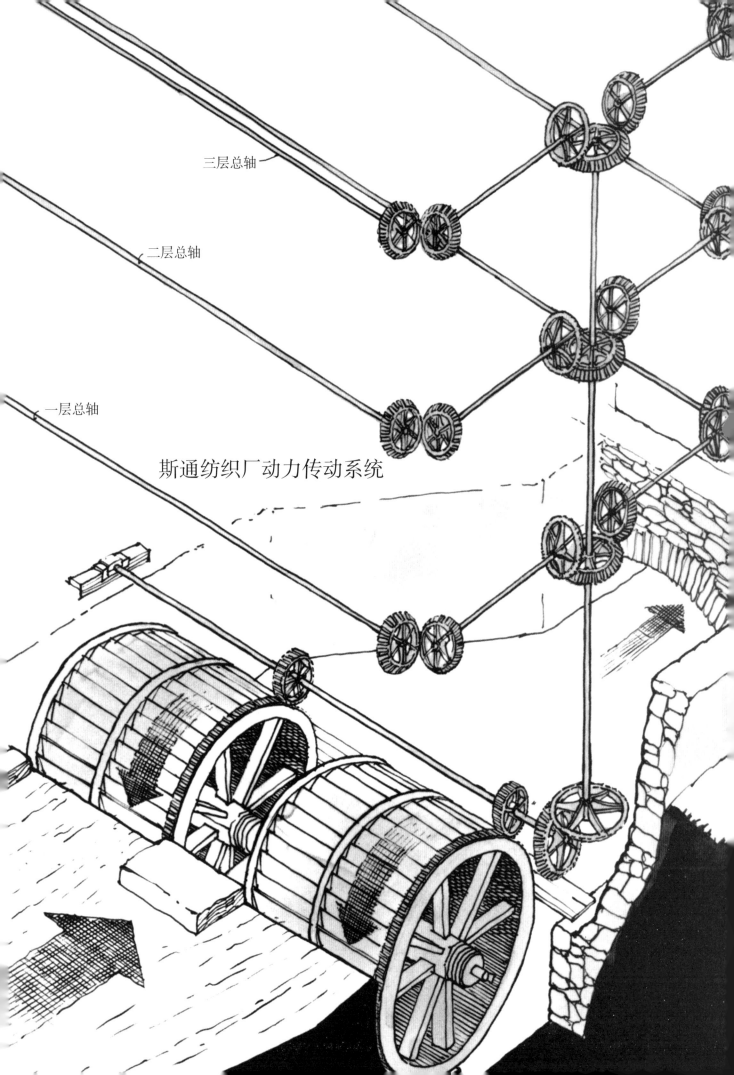

三层总轴

二层总轴

一层总轴

斯通纺织厂动力传动系统

工厂大了，机器多了，就需要更多动力。因此，有必要选择能提供更大水头的位置建厂。普林顿计划从瀑布处引出水渠，延伸到下游 600 多米处的水轮坑，这样就能创造出所需的水头。为了避免影响磨坊的水渠，他预备将新工厂的位置设定在河对岸，正对着耶露纺纱厂。他还买下了缩绒厂以及最重要的河流使用权，从而确保为新工厂提供充足的水流。

普林顿计划安装两台水轮，以便为斯通纺织厂提供更多动力。水轮应当建造为高位中射水轮，这样提升了的水头就能得到最有效的利用。虽然每个水轮都是在独立的水轮坑里运转，不过两台水轮都将连接到动力传动系统的同一根立轴上。这次，轴和齿轮都将使用铸铁制造。

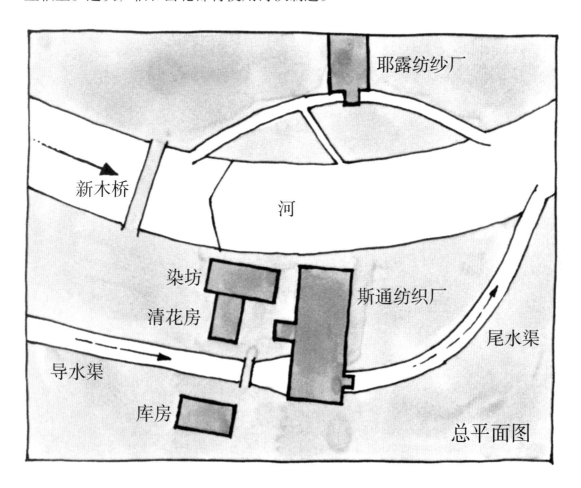

普林顿预备在新厂附近建造一系列较小的建筑。首先用石头建造一座清花房。他之所以决定把新厂的清花作业搬到厂外进行，是因为棉絮和尘埃飘散得到处都是，而鲸油灯极易引发火灾。他还计划建造一个大型库房和染坊，这样就可以先把纱线染色，再织成布匹。

还有一座新木桥也在建造计划之列，这座桥横跨河流，位于水坝上游不远处。在新桥建成之前，从耶露纺纱厂到新厂址必须从石桥通过，全程将近 1.5 千米。

3 月末，大部分建筑材料都已被送到建造现场。来自普罗维登斯的材料尽可能通过黑石运河运输，剩余的路程则用木橇或马车来运输。4 月，增加的工人也都到来了，4 月底，尾水渠的挖掘工作已经展开。

6 月中旬，开始挖掘新厂地基。普林顿把新厂的地基挖得比耶露纺纱厂的更深更宽，从而可以承载墙壁的巨大重量。在水渠从新厂下方流经的地方，要建造大型拱形结构支撑上部建筑。拱形结构由数排严丝合缝排列的石料组成，这些石料通过一个名为"拱鹰架"的木支架搭建。直到拱形结构的石料之间、拱形结构上方和两边墙壁处的灰浆都凝固后才能拆除这个支架。

地基由粗略切割的石料建成。普林顿还监督了中射水轮和水轮坑的建造，确保建造精确。他这边完工了，工厂第一层的梁也上好了。

　　为了避免大型火灾的发生，也为了把小型火灾可能造成的破坏降到最低限度，普林顿采用了一种相对较新的楼面构造，名为"缓燃构造"，顾名思义就是尽量减少使用较小、易燃的材料，转而使用较大的木梁，这样的木梁即便烧焦了，仍具有相当大的承载力。因此，普林顿使用了非常沉重的木料做主梁，并用粗木柱支撑每根木梁的中间位置。他使用双层厚木板建造楼板，楼板大大加厚，就用不着搁栅了，因为在工厂发生火灾时，搁栅燃烧的速度非常快。

　　铺设地板时，他还做了另一项改进。地板的第一层是约7.5厘米厚的木板，他把木板两端的中部都切出一道凹槽。相邻厚木板之间的凹槽里，都紧紧插入名为塞缝片的细木条。这不仅可以消除地板之间可能扇动火焰的空气流动，还可以避免油从一层滴落到另一层，并可以使地板变得更加坚固。

在铺设地板的过程中，墙壁也在加紧建造。普林顿把墙的内壁建成阶梯状，在每一层处内退几厘米，这样就形成了突出部位，可以支撑横梁，还可以减少墙壁的自重。第一层的墙壁厚 0.9 米，开有一排长方形的窗口。窗框外侧几乎与墙外壁齐平，建筑内每个窗口凹处的四面都呈现一定角度，从而达到最佳采光效果。墙壁建到近一人高的时候，泥瓦工就只能站在木脚手架的厚木板上工作了，脚手架是通过窗口固定在建筑物上的。

8 月底，二层的梁架设完毕，通过名为"系杆"的铁棒更加结实地连接在墙壁上。

夏季期间，普林顿堵住了瀑布岩架上的很多裂缝，以免大量渗水。他再次使用围堰把一部分河水改向，以便趁机将填充石块的框架楔进裂缝。然后，整个岩架顶端还要压上大木料。

11 月，阁楼楼板完工，木匠日以继夜地赶工，以便可以在第一场雪之前建好屋顶框架并封顶。窗户、铸铁炉和火炉管都要在冬季的几个月里安装。之后石壁内墙要涂上厚厚一层灰泥，并刷白。

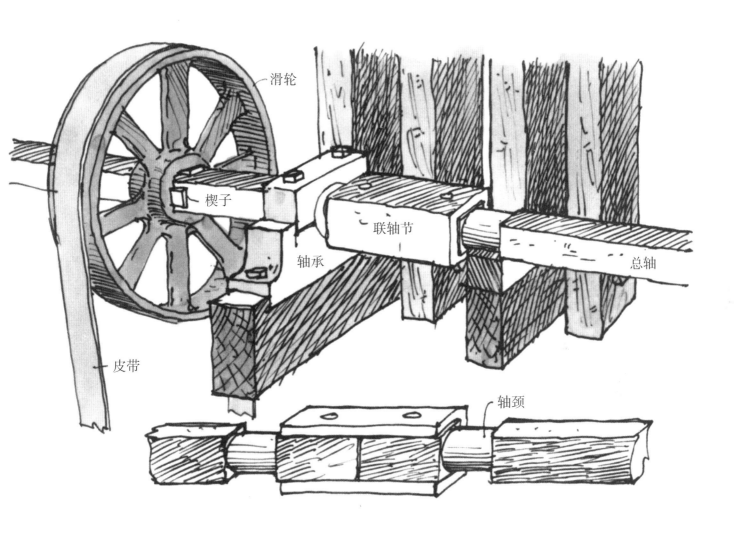

在建造工作尚未完成之际，普林顿就在地下室设置了一个机械车间，动力传动系统的各个组件在这里准备好，等待组装。轴是用铸铁件分段制成的，每段铸铁件大约 3 米长、6 厘米见方。各段通过方形的联轴节首尾连接在一起。为了使轴可以在轴承上转动，要在每一段轴靠近两端的位置切割出轴颈。除了连续式滚筒，总轴上还要安装多个铸铁滑轮。

立轴及其齿轮装置刚一安装完毕，普林顿就在水轮坑上方安装了一个名为"飞球式调速器"的机械装置。这个装置根据机器所需动力，自动将闸门升起或降下来调节水轮接受的水量。若没有调速器，如果有几处设备忽然停转，水轮、动力传动系统和所有其他设备就会加速。这种变化虽然十分轻微，却足以破坏易损的梳条和粗纱。

1832 年 4 月，废弃缩绒厂的剩余建筑均被拆除，导水渠连通了河流。导水渠入口处建起了一排大木门。普林顿在门前设计了拦污埂。在导水渠的另一端，拦污栅和第二套控制门已经安装完毕。

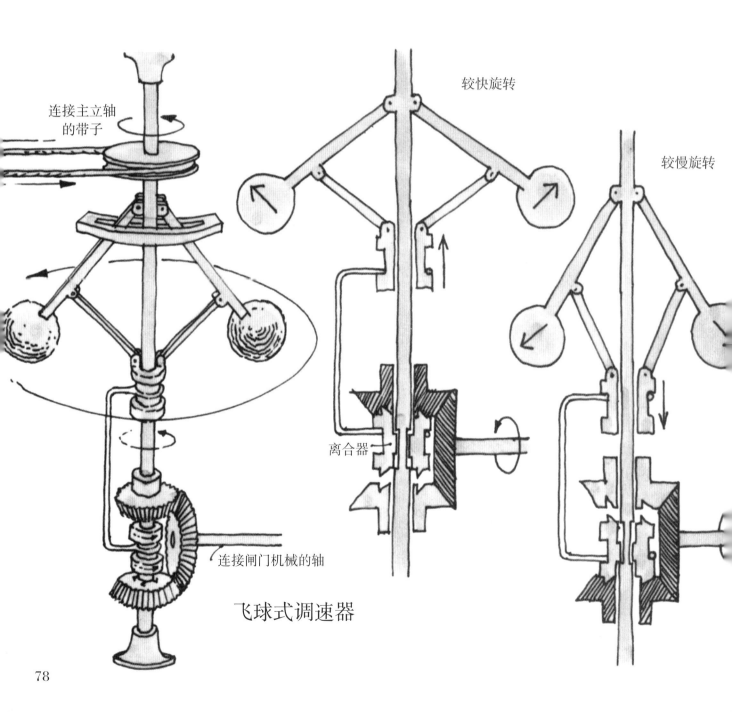

飞球式调速器

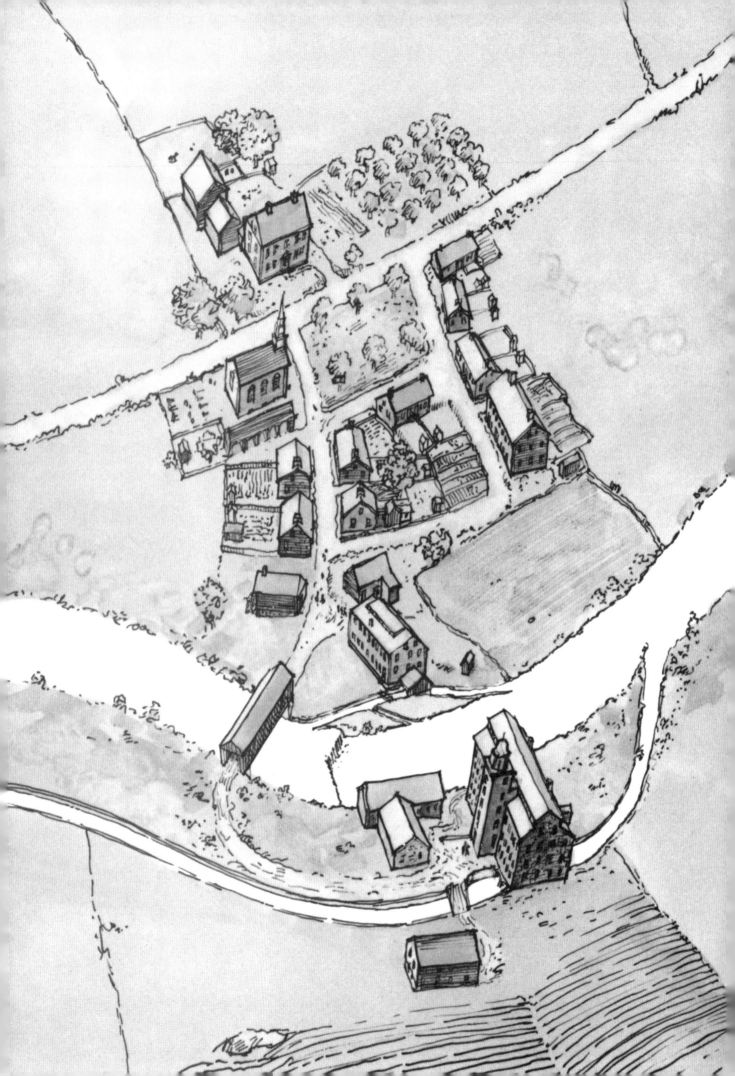

　　5 月，所有机器都处在安装过程中，清花房则已经建造完毕。为了减小火灾隐患，工人把屋顶木瓦钉在了一层薄薄的灰浆层上。

　　新厂雇佣了 14 名男工、30 名女工和 25 名童工，他们大部分被安置了住宿。有些和家人一起住在工厂提供的木屋里，另一些单身工人住在能提供膳食的宿舍里。这些建筑和一个较大的库房都建在耶露纺纱厂和收费公路之间的一条新路边上，普林顿将这条路命名为"康普尼大街"。

纱线纺好之后，就要对其中一些进行上浆之类的处理，使之变得更加坚韧，并缠绕在经轴上。缠满纱线的经轴随后被固定在织机的后面。经轴上的纱线决定了织物的长度，被称为"经纱"。另一些纱线则缠绕在名为"纬管"的较小线轴上。这些线从一边到另一边，构成织物的宽度，被称为"纬纱"。

6月里的一天，天气十分温暖，普林顿骄傲地看着第一批布织出来。织工刚把带子从游滑轮移到固定轮上，交替的经纱就随着两个综框的运动而被拉上拉下。上下经纱之间形成的空间被称为"梭口"。两端带有金属尖的木制小容器快速有力地从梭口中穿过，从织机的一边到另一边。这个小容器叫作"梭子"，纬管就放在这个容器里面。

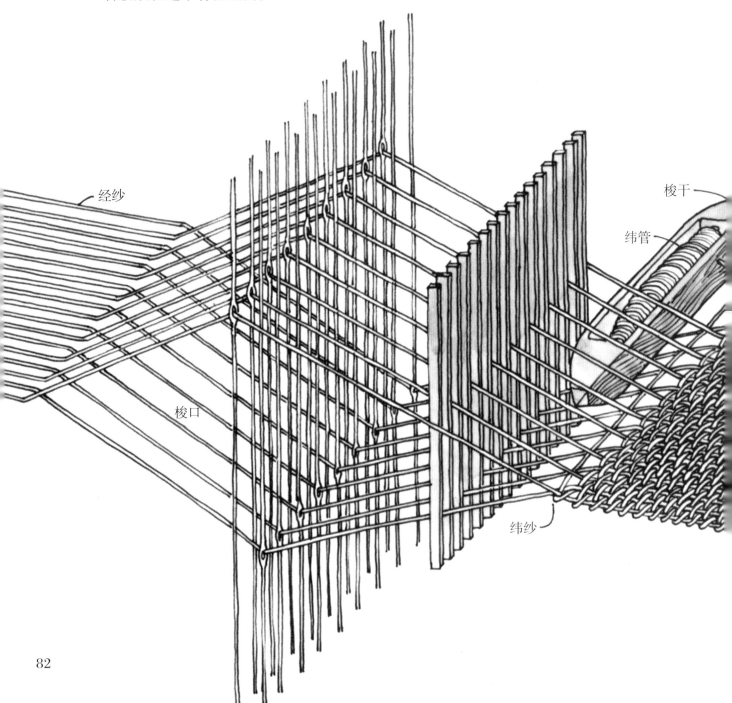

经纱

梭干

纬管

梭口

纬纱

综框

动力织机

　　梭子从梭口出来后，留下的纬纱就被自动推到上下经纱之间形成的夹角里。综框随后会变换位置，把之前在上的经纱拉到下面，再把下面的经纱拉到上面。梭子回转穿过新形成的梭口，再留下第二根纬纱，随后这段纬纱会被推过去，紧贴之前的纬纱。

　　这震耳欲聋的工序不断重复，崭新的布匹就这样一寸一寸、一尺一尺地织成了。渐渐地，放在织机前面的第二个经轴上的经纱也就会用到。普林顿很高兴看到这次测试成功，并宣布斯通纺织厂正式投产。

工厂生产的纱线一小部分会在内部商店里出售，这个商店还出售帽子、鞋子以及大米、鳕鱼等各类物品。商店的存货包括象牙梳子、羊毛、棉布、针线、烛台、肥皂、牛肉、糖蜜、糖、黄油、种子和烟草。商店还销售应季产品，如土豆、苹果和西瓜。

　　1832 年 10 月，范妮·亚当斯和她的弟弟阿萨来店里买了一本拼写课本、一本习字本和一些羽毛笔，以便练习正在学的知识，这是在扎卡赖亚·普林顿最近举办的主日学校里学到的。

扎卡赖亚·普林顿日记节选

1833 年 1 月 21 日　　发烧卧床两周，现已恢复了大半。聘请 28 岁的伊弗雷姆·道奇先生管理纺织厂的日常业务。对他寄予厚望……

伊弗雷姆·道奇日记节选

1834 年 6 月 23 日　　主轴坏了，浇铸太差。在铸造替代品和让替代品运转起来的时候，所有人员都无所事事。普林顿先生今天告诉我，他的儿子威廉希望来工厂学习业务，我认为他恐怕是最不适合的人选了……

1835 年 8 月 12 日　　一个月没下雨了，因为缺水，工厂已停产两天。

1835 年 8 月 15 日　　中午没水了，让工人放假回家，清理了几台梳棉机……

1835 年 8 月 29 日　　普林顿先生和钱尼先生今天收购了锯木厂。我们可以在旱季分流更多的河水驱动水轮。

1835 年 9 月 10 日　　一连几天下大暴雨。水轮坑里回水水位很高，水轮难以快速转动。这个月真难熬！

1836 年 10 月 24 日　今天我和玛丽·普林顿小姐结婚了。

贝齐·奥利弗给她哥哥（斯通纺织厂一名监工）的信件节选

马萨诸塞州 绍斯布里奇　　　　　　　　　　1837 年 4 月 16 日

亲爱的约翰：

　　似乎很快就没有足够的工作让我留在这里了。一些女孩子已经决定去洛厄尔了，其中一个女孩子的姐姐就在那里工作。我想我很快就得离开这里，所以想知道你所在的工厂有没有合适的工作让我做。若是织布车间没有活计，我可以学习操作纺纱机。如果用得上我，你只需要招呼一声，我就会以最快的速度赶去。或许你还会需要我的其他几个工友……要是再没有工作，我想我也得去洛厄尔了……请尽快给我回复。

伊弗雷姆·道奇日记节选

1837 年 5 月 13 日　　市场状况似乎严重下滑，今天不得不辞退几个工人，并要求剩下的工人操作更多机器。工人有很多怨言。

1837 年 5 月 17 日　　凌晨两点半被大钟掉落声吵醒，发现耶露纺纱厂失火。起火原因不明，不过听说上周六被炒的两名织工在老鹰客栈喝酒到很晚。这两个人现在已经失踪了。

1837 年 6 月 2 日　　普林顿先生告诉我，保险索赔的钱将用来为斯通纺织厂购置新设备。因为市场情况不明，所以不能重建耶露纺纱厂。

1837 年 8 月 17 日　　利用低水位，拆除了旧水坝，降低明年春天发生洪水的可能性。

1837 年 9 月 16 日	今天早晨道奇夫人生下了我们的儿子内森。小脸胖嘟嘟的。
1838 年 4 月 9 日	塞缪尔·普林顿先生去西部寻找发财机会了。许多人因为他的离开而伤心哭泣。
1838 年 7 月 4 日	所有人员停工一天，早晨清理了拦污栅。
1839 年 6 月 1 日	小威廉·普林顿先生今天迎娶佩兴斯·沃伦小姐。扎卡赖亚·普林顿先生似乎非常满意他的新儿媳妇。
1839 年 9 月 13 日	塞缪尔·普林顿先生从得克萨斯州写信回来，一切都好。
1840 年 8 月 17 日	威廉·普林顿夫妇的儿子今天出世，也叫威廉。
1840 年 8 月 20 日	我们的二儿子今天出生，起名叫赛拉斯。这周真棒！
1841 年 10 月 28 日	普林顿家和我们家都很高兴。约翰·普林顿今天早晨出生，我们的三儿子雅各布今天下午出生。今天真是棒极了！
1841 年 11 月 30 日	扎卡赖亚·普林顿夫妇搬去了普罗维登斯。
1842 年 4 月 1 日	由于年迈，扎卡赖亚·普林顿出让了他在纺织厂的股权，威廉·普林顿和我在他的祝福下组成了合伙关系。
1842 年 4 月 29 日	水轮又出问题了，决定使用铸铁轴进行重建。

威廉·普林顿日记节选

1842 年 5 月 9 日	发生了一场悲惨的事故，痛失我的姐夫兼合作伙伴伊弗雷姆·道奇先生。
1842 年 6 月 18 日	阿朗佐·汉弗莱先生同意接任工作。他买下了伊弗雷姆的房子，而玛丽则带着孩子们去了普罗维登斯。
1843 年 2 月 6 日	我最亲爱的佩兴斯因生我们的女儿而难产去世。上帝也带走了我们的小女儿……
1845 年 9 月 13 日	威克斯布里奇通了火车。火车冒着蒸汽从田野里驶过，那场面真壮观。
1846 年 11 月 27 日	今天最后一点儿鲸油用完了，新开一桶 113 升的鲸油。现在每天点油灯 3 小时左右。
1847 年感恩节	今天在我父母家见到了汤斯利一家。他们都非常赞同废奴运动，可没有人提起"黑人布"这个话题，除了他们那个心直口快且能言善辩的女儿雷切尔。
1849 年 8 月 22 日	我和雷切尔·汤斯利小姐今天结婚了。母亲身体状况一直不佳，所以我们将住在普罗维登斯。
1850 年 3 月 2 日	母亲昨天去世了。父亲外表看似很平静，心里却悲痛欲绝。

普林顿纺织厂

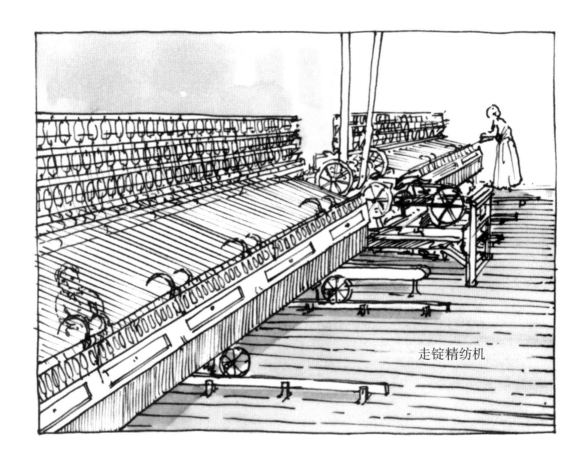

走锭精纺机

　　1852 年，威廉·普林顿成了斯通纺织厂和罗得岛州许多工厂的唯一所有人。他接受了妻子的废奴主义观点，在年初决定不再生产"黑人布"，转而制造各种式样更为精细的布料。为了做到这一点，他计划用更为快速高效的环锭细纱机替代翼锭精纺机，它们能够运转 1300 个锭子，纺出强韧的纱线用作经纱。他还打算使用 7 台自动走锭精纺机，这些机器总共有 2800 个锭子，可以生产品质更高的纱线用作纬纱。织布则是通过数台新购得的花式织物织机完成。

　　然而，威廉首先需要做的是扩大工厂规模。他聘请了他的朋友——普罗维登斯著名工程师塞缪尔·贝尔彻来设计扩建部分。

贝尔彻首先勘测场地，并确定了对新空间的要求，然后建议在斯通纺织厂的右侧建造一座三层附属建筑，长宽都和老楼相同。他告诉威廉，砖砌建筑不仅时尚、易于建造，而且现在有了铁路，建材也容易运输过来。他还建议安装蒸汽供暖系统，并将之延伸到老楼，在附属建筑物后面分开设置一个小型锅炉房和烟囱。最后他建议在附属建筑前面新建一座砖砌塔楼，塔楼与旧楼前的石塔楼在功能和规模上相似，只不过建筑式样是最新的。

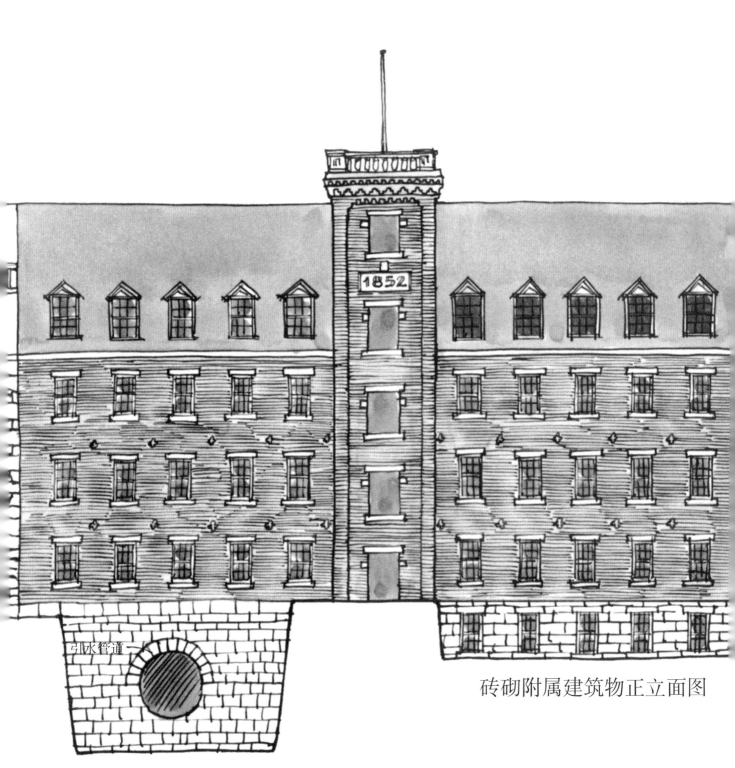

引水管道

砖砌附属建筑物正立面图

　　为了产生足够动力来驱动两倍规模的机器，需要对现有水力动力系统做一系列重大改变。首先，也是最重要的，就是必须提高水头。对于这一点，贝尔彻建议加高瀑布处的水坝，并且新挖一条更长的尾水渠。为了增加水量，他还计划扩建导水渠，并使用一台功率更大的水力涡轮机替代两架中射水轮。

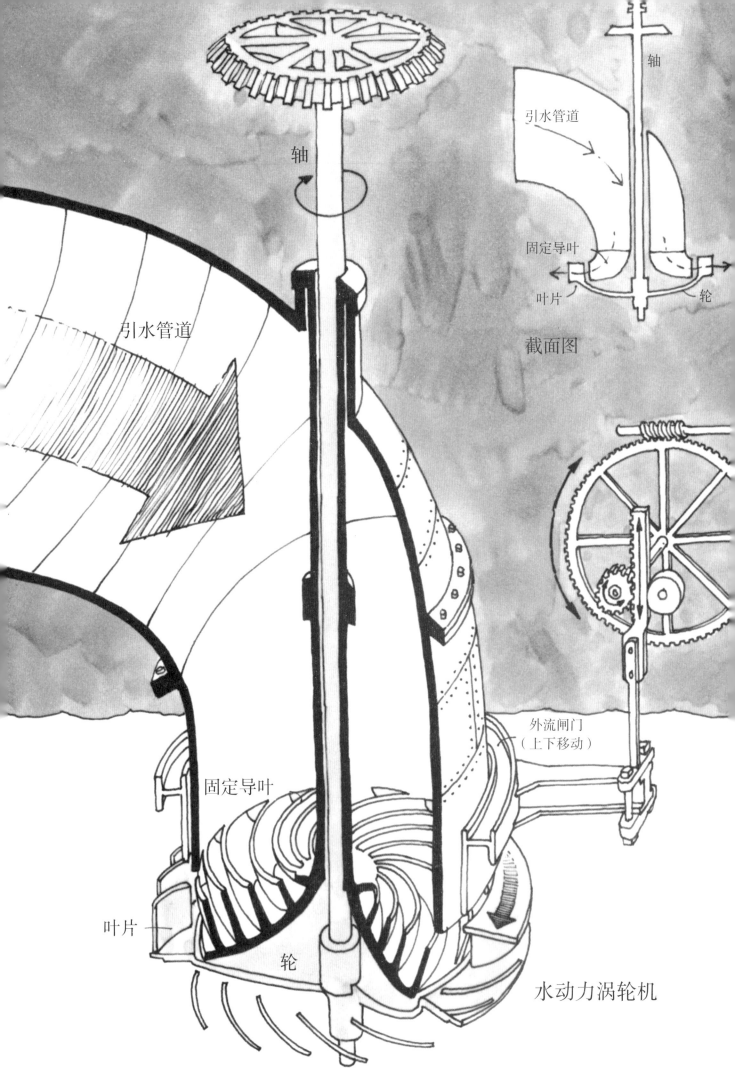

轴

引水管道

固定导叶

叶片

轮

截面图

外流闸门
（上下移动）

引水管道

轴

固定导叶

叶片

轮

水动力涡轮机

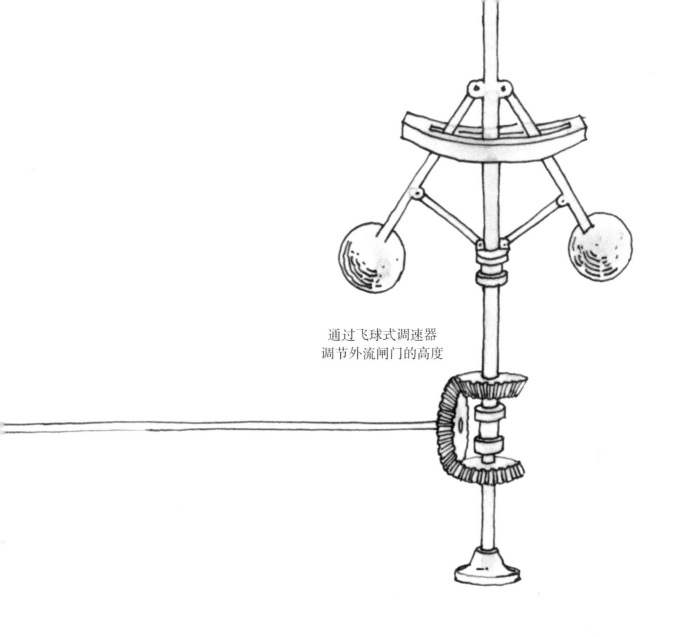

通过飞球式调速器
调节外流闸门的高度

涡轮机包括一个水平的轮，这个水平轮有点像鼓形转轮，连接在一根立轴上转动，位于引水管道的底端，引水管道非常粗大，带有弯曲部分。涡轮机叶轮上装的不是平直的叶片，而是弯曲的铁板。另一组弯曲的铁板被称为"导叶"，安装在一个固定模板上，叶轮围绕导叶转动。从导水渠里来的水在引水管道里形成螺旋运动。水被导叶限制，导向涡轮机叶轮的叶片，这些叶片承受的水压推动了叶轮。最终，水从这些叶片之间流出，进入尾水渠。引水管道入口处安装了拦污栅，还有一个闸门可以切断流向涡轮机的水流。第二道闸门位于涡轮机内，可以通过调节外流来控制供给的动力。这些都是由调速器自动控制的。

　　设计方案刚一通过，订购原材料的工作就开始了，建筑工地的准备工作也开始了。劳工被分成两组，一组挖掘尾水渠，另一组则挖掘涡轮机坑。涡轮机坑距离中射水轮坑有足够的距离，这样，中射水轮可以在涡轮机投入使用前，继续为斯通纺织厂提供动力。

　　工人们在石砌地基上建造砖墙。和斯通纺织厂的老楼一样，新楼的内墙也呈阶梯状，用于帮助支撑楼板。当墙壁达到第一排窗口的高度时，就嵌入花岗岩石板作为窗台。随着墙壁越建越高，就开始安装木窗框。每个窗口的顶端还要嵌入一块花岗岩石料，名为"过梁"，用来支撑窗户上方墙壁的重量。

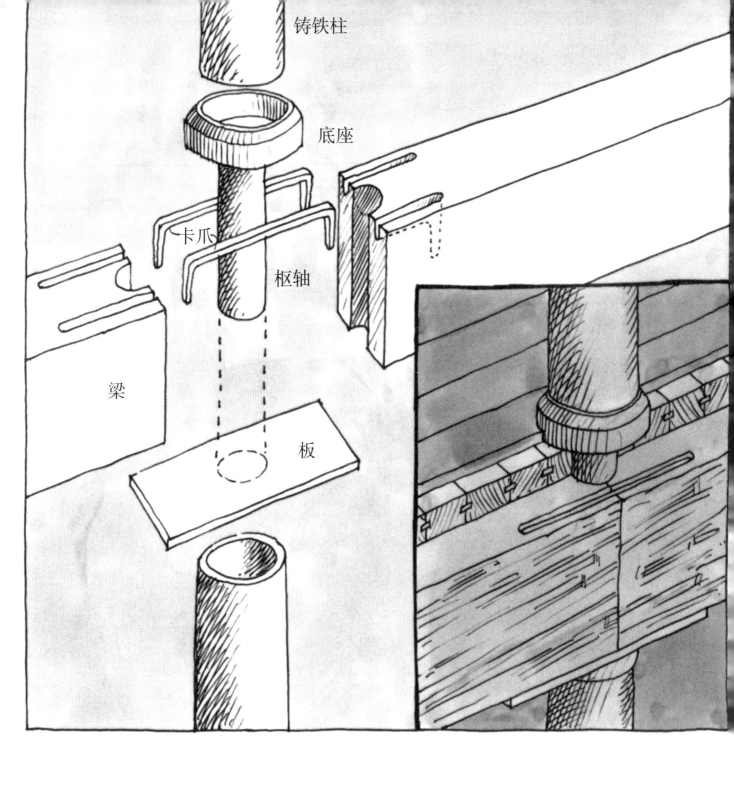

铸铁柱

底座

卡爪

枢轴

梁

板

　　和斯通纺织厂的老楼一样，新楼的主梁也固定在墙壁上，但这次的梁只有
工厂横向跨度的一半。梁的另一端由一排位于工厂中央的铸铁圆柱支撑。主梁
置于每根圆柱顶端的平板上，由两个名为"卡爪"的铁夹固定在一起。在一段
柱子顶端的两根主梁末端之间，有一个铸铁零件，名为"枢轴"，用来支撑上方
柱子的底座。如果没有枢轴，铸铁柱的底部就可能压坏木梁，使得楼面中间出
现不均匀的沉陷。

1852 年夏天，新水坝建成。水坝的高度不仅可以提升水头，还形成了一个水塘，从而保证水源连续不断地供给。白天，随着水灌入涡轮机，水塘的水位会降低。到了晚上，工厂关闭，水塘和导水渠之间的闸门也关闭，水塘再次蓄水，供第二天使用。为了不让附近最后一家工厂争夺河水动力，威廉·普林顿买下了磨坊以及河流的使用权。同时为了避免法律纠纷，他每年都会给上游的两位农夫一些钱，因为他们的土地会被新水坝拦起的水淹没。

　　这座水坝的位置和旧水坝一样。然而，它不是由两段笔直的部分横跨瀑布，而是形成了一个连续的柔和的弧形，并且是使用石头而不是木料建造而成的。

基石都被固定在从岩架上开凿出来的沟渠中。组成水坝表面的石料被精心切割成型，紧密地拼合在一起，而大坝的内部则是碎石和混凝土。泥土被堆在水坝向上游一侧的石料边上，并把木板楔进泥土里，预防渗水。水坝两边紧固在沿河岸修筑的坚固石墙上。水坝底部的一边修建了一个带有闸门的开口，如有需要，就可以通过这个开口排干水塘里的水。水坝顶部安插了一排垂直的铁棒，支撑着闸板——它是一个厚木板。这么做的主要目的是为了提升水塘的水位，另一个目的是让铁棒和闸板在洪水期被水冲塌，以便排水。几乎每年夏天都要更换新的铁棒和闸板。一排新闸门控制着流向导水渠的水，这些闸门都置于一个小木屋——闸门操作间中。

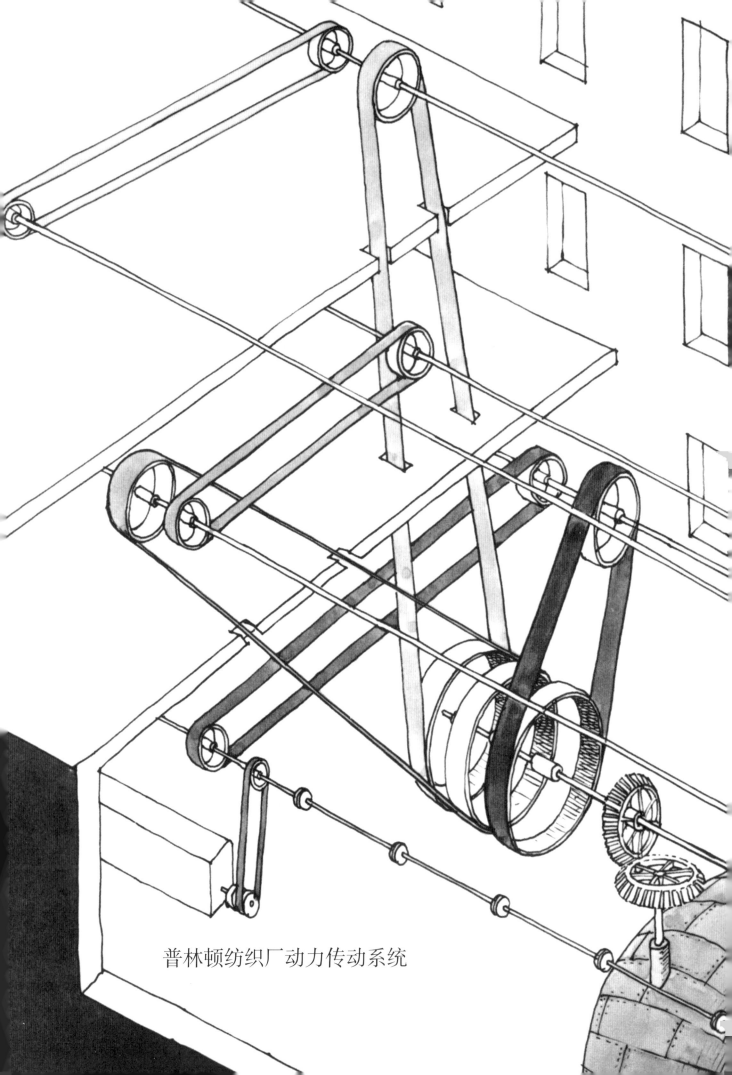

普林顿纺织厂动力传动系统

吊架

轴承

联轴节

　　监督安装完涡轮机，贝尔彻开始着手安装动力传动系统。为了减少摩擦力和维修几率，同时降低噪音，他使用宽皮带替代了笨重的垂直轴系。涡轮机立轴的旋转将带动一个水平轴旋转起来，皮带从这个轴的大型滑轮延伸出来，向上穿过每层地板，连接不同的总轴。

　　如果轴系运转速度太慢，皮带就会滑动，因此必须使轴系以较快的速度运转。于是，贝尔彻拆除了铸铁轴系，装上了更为坚硬的熟铁轴系。这种轴系的轴截面呈圆形，每3米长的轴的两端都装有一个名为"法兰盘"的圆盘。要把两段轴连接在一起，只要把法兰盘连接在一起即可，这很容易。

　　在建造动力传动系统的同时，蒸汽供暖管线也被架设在墙壁上，在窗户下边的位置环绕每层厂房。

　　1853 年 8 月，机器都已就位，差不多可以投入使用。导水渠两端的闸门关闭，沟渠里的水排干，并进行了扩建。工人在导水渠和涡轮机坑之间又开凿了一条新沟渠，把废弃的水轮坑入口封闭起来。为了缩短生产中断期，节省成本，贝尔彻带着工人日以继夜地工作，以便在最短时间内完工。

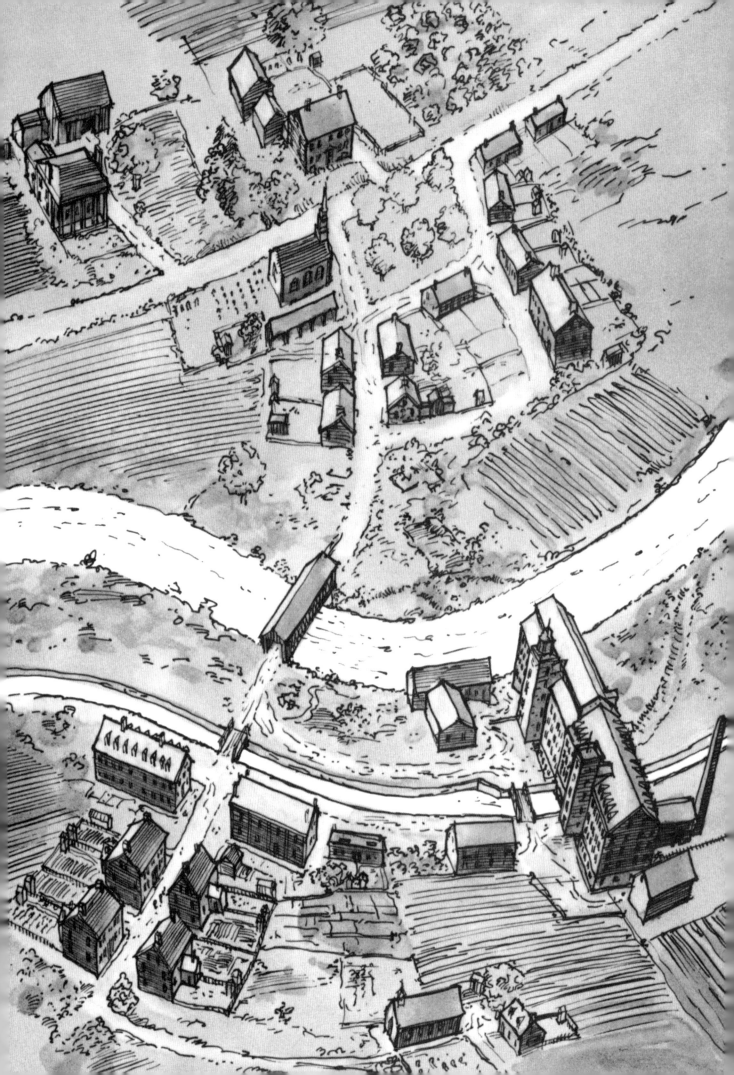

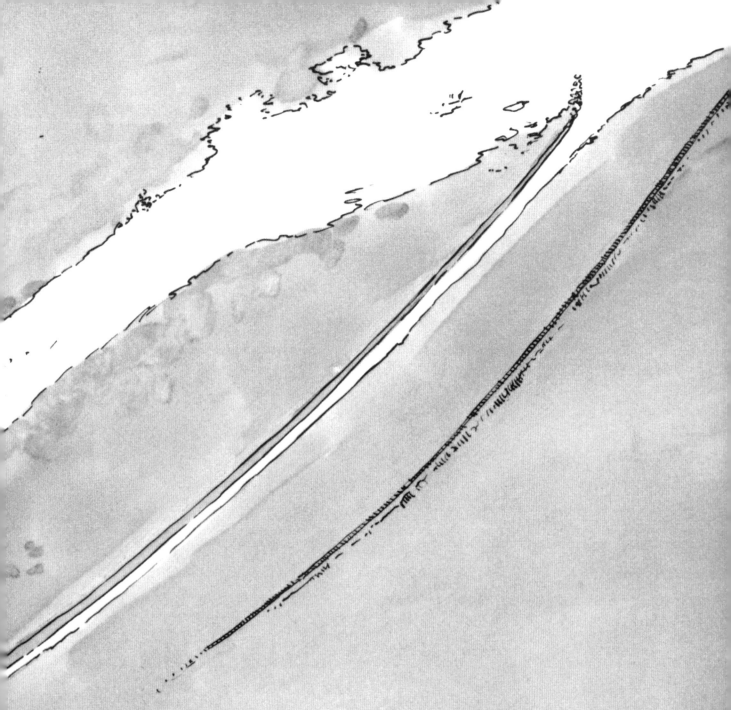

　　9 月中旬，扩建和更名后的普林顿纺织厂生产出了各种精细的格子布和条纹布，并且雇佣了 25 名男工、45 名女工和 35 名童工。

　　产量的扩大要求雇佣更多工人，尤其是使用了走锭精纺机，还需要工人具有较高技能，因为操作走锭精纺机生产优质纱线是一项技术活。操作走锭精纺机的工人十分清楚自己的价值，在普林顿纺织厂里，他们的薪水最高。

　　为了给这些技术工人提供一个适度舒适的环境，工厂还特意为他们和其他单身男性工人建造了一座砖砌公寓。从前的木制公寓则只供单身女工居住。

　　贝尔彻还建造了一个更大的内部商店，而且，为了所有工人的利益，他把商店二楼建成了一个宽敞的会堂。

最早在会堂举行的活动是由扎卡赖亚·普林顿开办的一场报告会，他讲解了英国对美国纺织业所作贡献的重要性。可实际上，许多没有技术的劳工都是爱尔兰移民，或许是因为这一点，他的演讲并未引起热烈反响。

多拉·沙利文给她在马萨诸塞州劳伦斯的家人的信件节选

威克斯布里奇　　　　　　　　　　　　　　　　1859 年 10 月

最亲爱的爸爸妈妈：

　　希望你们一切安好。从我上次收到你们的信已经有段时间了。爸爸，我很高兴得知你、玛丽、艾伦和布丽奇特在彭伯顿纺织厂找到了称心如意的工作。我还是比较喜欢威克斯布里奇这家较小的纺织厂，尽管我的偏好让我们分隔两地。这里有很多我们的老乡，这让我不那么孤单。厂里所有单身女孩子都住供膳宿舍，宿舍由寡妇金伯尔打理得非常好。我希望能少吃一点儿煮火腿，多来点儿浆果馅儿饼，可一想到我们丢下了什么而来到这里，我就没有怨言了。或许再过几个月我可以去看你们。希望在那之前我能买上新裙子和新帽子。

阿朗佐·汉弗莱日记节选

1860 年 1 月 11 日	在《公报》上看到位于马萨诸塞州劳伦斯的彭伯顿纺织厂突然倒塌，113 人丧生，135 人受伤。
1860 年 4 月 12 日	今天看报纸了解到，彭伯顿纺织厂的坍塌原因是铸铁柱建造劣质。我们工厂的铸铁柱与他们的大致建于同一时期。今天敲了敲全部柱子，听起来似乎没问题，可若是不拆除，就不能百分百肯定。
1860 年 9 月 26 日	威廉·普林顿先生认为，就蓄奴问题，我们将长期与南方人对峙。为了防止我们的供给出问题，再加上现在棉花价格优惠，所以我们订购了正常订购量的 4 倍。棉花将存放在普罗维登斯的仓库里。
1861 年 4 月 14 日	我们和南方叛军开战了。
1861 年 8 月 8 日	雅各布·道奇、小威廉·普林顿和约翰·普林顿都加入了第四罗得岛兵团。
1862 年 9 月 18 日	今天听说雅各布·道奇在一个叫安提塔姆的地方牺牲了，小威廉下落不明，另外三个从厂里参军的人也死了。约翰·普林顿无恙。
1863 年 4 月 4 日	今天连接纺纱室的皮带断裂了，花费了半天时间进行缝合。飞起来的皮带末端险些要了一个女孩子的命，不过她幸运地跑开了，身上留下一道深深的伤口。
1863 年 9 月 10 日	听说又有几家纺织厂因为没有棉花而关门了。迄今为止我们还算幸运，只是减产而已。
1864 年 8 月 15 日	今天玛丽·麦克唐纳被传动皮带拉进了机器，失去了右臂手肘以下的部分。现在的闷热天气恐怕不利于她康复。

1864 年 8 月 17 日	玛丽·麦克唐纳今天去世了，伤口处的感染蔓延得太快了。我将把她的工钱寄给她在索斯布里奇的母亲。
1865 年 4 月 9 日	今天见到了约翰·普林顿，他正在返回波士顿医学院途中。他说他的哥哥小威廉从得克萨斯州给他写过信，不过叫我不要对别人提起这事。我想，最好还是相信他在战争中牺牲了……
1865 年 4 月 15 日	林肯总统遇刺，难以置信。我们都很震惊。纪念活动明天在教堂举行。
1866 年 3 月 6 日	威廉·普林顿先生委托我代为提供土地兴建天主教堂，现在一半以上的工人都是爱尔兰人。
1866 年 9 月 19 日	今天看报纸了解到，威廉·普林顿先生的弟弟塞缪尔在蒙大拿州旅行时被苏族印第安人杀害。
1867 年 7 月 27 日	迈克尔·奥布莱恩、马修·莱恩、罗伯特·杜利请假半天，3 台走锭精纺机到中午才有人操作。
1867 年 8 月 16 日	奥布莱恩和莱恩去老鹰客栈参加派对后，一天未归。杜利在厂里，却干不了活，警告他一番，便让他回家了。
1867 年 8 月 19 日	奥布莱恩、莱恩和杜利今天辞职了。只能去普罗维登斯寻找替代人选，但说不准是不是会想念他们的手艺。
1867 年 8 月 27 日	自 6 月初就没下过雨，中午水塘的水用光了，派女孩子们去清理织机和梳棉机。
1867 年 8 月 28 日	河水再次出现低水位，让一些工人提早下班。
1867 年 8 月 30 日	昨天大雨下了一天一夜，全员上岗。
1868 年 4 月 29 日	火车脱轨了，新棉花延时送达，清棉机从上午 10 点开始闲置。
1869 年 11 月 5 日	蒸汽管爆裂，延误了半天时间，损坏了 4 台织机上的共 45 米布匹。
1869 年 12 月 2 日	今天早晨给拦污栅除冰的时候，艾萨克·斯金纳滑进了导水渠。遭到流进引水管道的水的大力冲击，他被死死压在拦污栅上，等到闸门关闭时，他已溺水身亡。
1870 年 4 月 15 日	今天听到传闻，哈伍德公司买下了下游的所有权，来建造新纺织厂。如果传言属实，我希望他们建得慢一些，那样我们的生意还能好一点儿……

哈伍德纺织厂

　　哈伍德公司在新英格兰地区拥有多处工厂和工厂村。其中大多数都是从破产或想要转行的业主手里购得的。然而，该公司在1870年春天决定新建一座现代化纺织厂。这家工厂将容纳3万个锭子和750台织机。所有机器都由一台大型蒸汽机驱动。

厂房由当时优秀工程师鲁弗斯·T.马龙负责设计。整个大楼为砖砌，长113米，宽23米。包括地上三层、一个拥有自然采光的半地下室和一间大型阁楼。所有窗户都尽可能造得大一些，以便光线可以照射到地板的中间。两座塔楼从建筑前面伸出，内设楼梯。后部建有两座较小的塔楼，内设厕所。

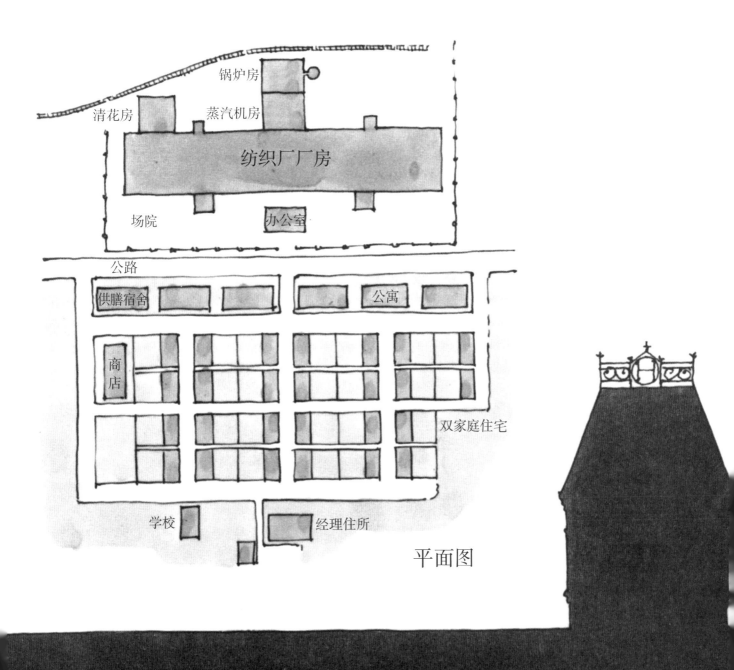

锅炉房

清花房

蒸汽机房

纺织厂厂房

场院

办公室

公路

供膳宿舍

公寓

商店

双家庭住宅

学校

经理住所

平面图

马龙把蒸汽机房、锅炉房和清花房都安排在纺织厂厂房后面。厂房正前方的空间被称为场院,场院里有一栋精致的公司办公楼,内有会计室。

除了厂房及其附属建筑物,按照马龙的规划,还需初步建造26栋带后院的双家庭住宅,5栋公寓楼和一栋供单身工人使用的供膳宿舍。这些建筑均为棋盘式街道布局。他还计划建造一个大型的公司内部商店,商店上层为会堂,此外还要建造一座小型学校,并为驻厂经理建造一栋舒服的住宅。

他们考察了很多备选厂址，最终选择了普林顿纺织厂河对岸的一片区域，因为这里接近铁路，有宜人的乡村环境，而且价格低廉。铁路支线的修建工作立即开展起来，以便加快砖和其他建材的运输速度。以后还可以通过这条支线运送原棉和蒸汽机需要的煤炭，并把加工好的布匹运出去。

　　花岗岩基础刚一铺设完毕，墙壁就以极快的速度建造起来。由于窗口太大，窗口上方采用砖砌拱形结构，而不使用石材过梁。在墙壁建造过程中嵌入木制窗框，窗框顶部作为拱形结构的拱架。窗户之间窄窄的一条砌筑墙被加厚成为壁柱，这样不仅可以支撑地板和机器的重量，还可以承受住强烈的震颤。

楼板梁横跨工厂，连接两边壁柱。每一根跨度 23 米长的楼板梁都是由等长的三段组成的，每个连接处由一根圆木柱支撑。自 1860 年彭伯顿纺织厂发生悲剧后，马龙一直坚持在他的建筑里使用木柱。马龙并没有冒险使用一整段长 23 米的大梁，因为那将难以发现木头里面严重的裂缝。他使用了两到三根较小的梁连接在一起，组成所需的长度。

在保险公司的坚持下，嵌入墙壁的梁末端都要斜向切割，而且墙壁上的开口要稍稍高于梁。虽然使用了小金属盘，将每根梁的末端和墙砖固定在一起，却并未使用系杆。同时，他们还扩大了墙壁上的开口，并去除系杆，这些措施可以保证即便着火后地板坍塌，墙壁也能屹立不倒。马龙并不确定，一旦发生火灾，墙壁能否依然坚固到可以继续使用。不过，如果无需再建墙壁，重建工厂会便宜很多。

　　保险公司还坚持设置喷水灭火系统，以便扑灭任何可能的火灾。每座塔楼顶端都会放置一个大型水箱，为悬挂在每层天花板上的数排多孔管供水。

　　蒸汽供暖管也改为悬在每层的天花板上。这个位置也是保险公司建议的，因为如果把供暖管建在窗口下，工人会把东西放在管子上或附近，这样就会存在火灾隐患。

　　马龙对工厂的复折式屋顶青睐有加。这是该地区第一个复折式屋顶，使建筑显得尤为美观。屋顶主体微微倾斜，但是接近建筑边缘时，屋顶突然以一个很陡的角度向下倾斜，呈现出急弯曲线。沿着整个曲面，还设置了多个采光窗口很大的"老虎窗"。

飞轮

曲轴

飞球式调速器

连杆

汽缸（内有活塞）

蒸汽机

1872 年 4 月，巨大的蒸汽机安装完毕。高压下的蒸汽通过一系列阀门进入汽缸，推动汽缸内的活塞前后移动。连杆和曲轴将这种前后运动转变成旋转运动，从而转动一个名为"飞轮"的大轮子。飞轮上的一条宽皮带带动纺织厂里一根水平轴上的主滑轮转动起来。这根轴上有几个副滑轮，每个副滑轮上的皮带都连着一根不同的总轴。同样，通过飞球式调速器确保蒸汽机满足机器运转所需要的动力。

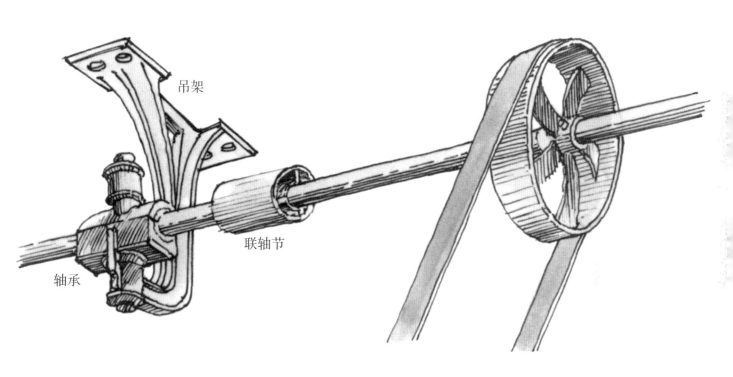

轴几乎不可能保持最初的排列位置而不滑离，一是因为轴很长，二是因为厂房内部本身会有一些运动改变。为了解决这个问题，马龙安装了自准轴系。自准轴系由轴承支撑，轴承可以随着轴系的运动而微微自由移动。这不仅简化了轴系的安装和对准工序，还大大降低了摩擦力和磨损程度，这样一来，总轴就可以按照所需速度自由转动了。

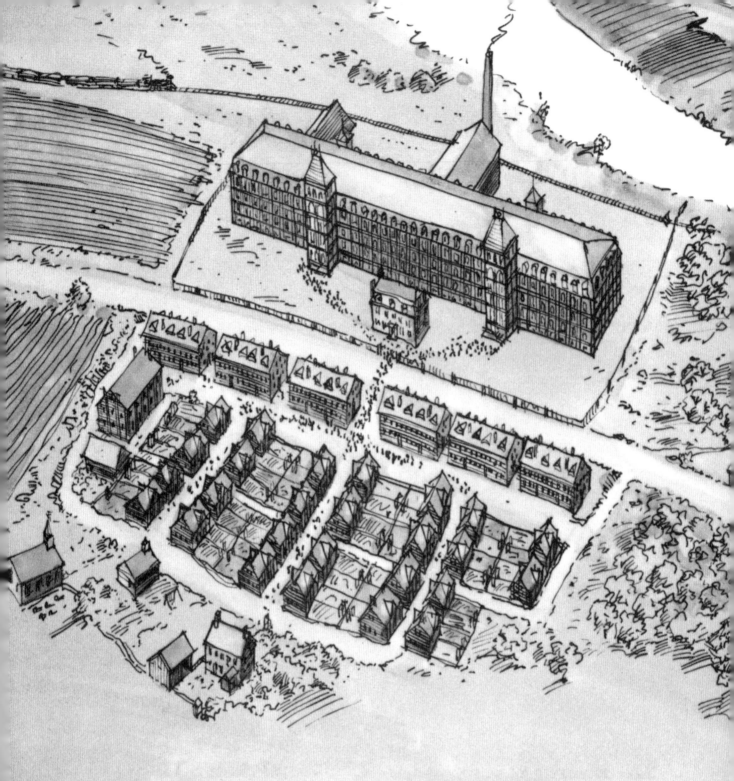

　　夏末，锅炉房的烟囱已经完工，公司办公室和会计室布置完毕，场院四周建好了高高的熟铁栏杆。除周日和假日外，大门每天早晨7点打开，晚上7点或7点30分关闭。哈伍德纺织厂开工了，共有100名男工、240名女工和150名年龄超过12岁的童工。

　　在场院的街对面，很多房子里已经住进了来自魁北克的工人。他们中的大部分是由哈伍德纺织厂派去加拿大的招聘代理人雇来的。

　　这些人都是刚刚来到这一地区的移民，所以可以给他们最低的工钱。不久以后，从公司买来的土地上建起了一座新的天主教堂，随着时间的推移，教堂后面的空地上出现了第一块墓碑。

此后 70 年里，很多声音已经深深烙印在了这个地区：水从扎卡赖亚的第一个水轮流出时发出的有节奏的"咕噜"声，斯通纺织厂动力织布机发出的震耳欲聋的"咔嗒"声，第一部火车头发出的尖厉汽笛声，还有皮带无休止的"嗡嗡"声。每当工厂的铃声或教堂的钟声响起，威克斯布里奇的人们就会匆匆穿过街道，他们的交谈声当中不时夹杂着法裔加拿大人的口音……

尾　声

美国南北战争后，南方的许多州吸引工业项目和投资的举措越来越强劲。这些州开出低税率或免税的优厚条件，同时又有大量廉价且无任何工会组织保护的劳动力。到了 19 世纪末，南方的这些承诺，再加上开设的新工厂有机会配备最新式的机器，使得北方的纺织业日渐衰落。

多亏开明的管理方式，并坚持使用最新式的设备，哈伍德纺织厂不仅能与越来越强大的南方纺织业竞争，而且一直到进入 20 世纪，工厂都经营得有声有色。1893 年，普林顿纺织厂毁于火灾，哈伍德纺织厂买下了他们的大部分房产，普林顿纺织厂的许多工人也在河对岸重新找到了工作。

第一次世界大战期间，哈伍德纺织厂收到了大量政府订单。这家工厂安然度过了大萧条时期和 1934 年的纺织工人大罢工，并在第二次世界大战期间仍有收益。然而，他们的利润最终还是下降了，逐年下滑，最后入不敷出。1947 年，这家纺织厂被 "B&B 纺织品" 收购，后成为大型企业法布隆公司的一个分部。在接下来的几年里，纺织厂被允许亏损经营，以便法布隆公司可以少上税，同时，这家公司还在美国其他地区发展了很多非纺织生意。

纺织厂越来越不景气，它的周围却越来越繁荣。1950 年，威克斯布里奇成了一处受欢迎的郊外居住区，一条高速公路把这个欣欣向荣的社区和普罗维登斯连接到了一起。大多数住在这个社区的人都和纺织厂没有关系，甚至在开车沿着高速公路上班时，根本没注意到纺织厂。

1955 年，哈伍德纺织厂仅存的生产活动停止，工人下岗，大楼准备出售，纺织业终于告别了这处它最早出现的地方。

1956 年至 1968 年间，一些小商号搬进了工厂大楼。这些商号中的最后一家是纺织品商店，也于 1969 年冬天关闭，搬去了一个新的购物中心。1974 年，一位房地产开发商买下了这座已有百年历史的建筑，他希望利用这里旺盛的人气，把大楼改建成公寓。

　　工人在新停车场地下铺设污水管道时发现了耶露纺纱厂的地基和水轮坑。于是，罗得岛州历史保护委员安排进行考古查勘，建造工作不得不暂停 30 天，让业主颇感沮丧。

　　挖掘期间找到的大部分物品是瓶子、鞋子和各种垃圾。然而有一天，当一位年轻的考古工作者正在甄选她那天找到的最后一桶发现物时，她有了一个非同寻常的发现：在一堆碎玻璃和陶片之中，她发现了一枚已被腐蚀却仍能清楚辨认出来的古罗马硬币。

术 语 表

回水（backwater）：当河水水位特别高时，回流进尾水渠和水轮坑的水。

轴承（bearing）：铁质支撑物，轴颈在其内转动。轴承通常有青铜或巴氏合金内衬，从而减小摩擦力。

锥齿轮（bevel gear）：一种轮状物，其边缘呈一定角度，带有一圈形状特殊的齿牙，用来和另一个锥齿轮上同样形状的齿牙啮合。两个或两个以上的锥齿轮通常用于把一个方向的旋转运动转到另一个方向。

曲线部（breast）：水轮坑内中射水轮正下方和上游一侧的曲线形底板。曲线设计尽可能贴合这部分水轮的外周，使水留在水斗内，直到转到转周的最低点。

中射水轮（breast wheel）：一种水轮，边缘由一排名为水斗的连续凹槽组成。导水渠的水从上游一侧（稍高于曲线部）流进水斗，水斗内水的重量推动水轮转动。水从与水轮一半高度齐平的点进入水斗，这种水轮被称为中位中射水轮。如果水在高于中点的地方流入水斗，这样的水轮被称为高位中射水轮。

顶端原木（caplog）：为降低水冲刷的磨损，固定在水坝或自然瀑布顶端的大型木料。

围堰（coffer dam）：一种临时水坝，用来使部分河水改道，从而使一部分河床暴露在外。

联轴节（couplings）：用来把两段垂直或水平的轴紧固在一起的装置。

飞球式调速器（fly ball governor）：一种装置，用来调节水轮、涡轮机叶轮或飞轮的速度，从而满足机器不断变化的动力需要。

齿轮（gear）：一种轮状物，边缘有突出的齿牙，用来和其他轮状物上完全相同的齿牙啮合，这些轮状物的直径可以与此轮状物相同或不同。

导水渠（headrace）：把河流或水塘里的水引向水轮或涡轮机的那部分水沟。

轴颈（journal）：铁轴或轴头在轴承上旋转的圆柱形部分。

总轴（line shaft）：主水平轴，其旋转运动可传输给某一楼层或楼层中某一区域的多架机器。

织机（loom）：把纱线编织成布匹的机器。

工厂河流使用权（mill privilege）：在沿河特定位置分流一部分河水用来给一家或多家工厂提供动力的特权。

走锭精纺机（mule）：一种机器，可以生产各种各样重量和强度的高品质纱线。机器先并条和纺纱，然后把纱线缠绕在数百个纺锥上。使用自动走锭精纺机，可使这些工序全部机械化。

黑人布（Negro cloth）：一种相对粗糙的织物，使用羊毛和棉织出各种图案，专门用来给黑奴做衣服。

上射水轮（overshot wheel）：一种大型水轮，边缘由名为水斗的成排的连续凹槽组成。导水渠里的水从水轮顶端灌下，流入水斗，通过水的重量推动水轮旋转。

清花（picking）：一道工序，即纺线前清理原棉。最初是用棍子敲打棉花，清除杂质。后来使用清花机这种特制机器来完成。

动力传动系统（power train）：一个由齿轮、轴、滑轮和皮带组成的系统，将水轮、涡轮机或蒸汽机产生的动力传送给机器的不同部件。

水渠（raceway）：引导水从水轮坑或涡轮机坑流进流出的沟渠。

泄洪道（spillway）：一道小沟渠，用来在维修时排干导水渠里的水，同时还可在汛期把泛滥的水引导走。

锭子（spindle）：最早的锭子是一根带切口的木棒，纤维绕在其上，由手工纺成纱线。纺车和纺纱机上的锭子是棒条，穿过线轴和线筒中心，线就缠绕在上面。

纺纱（spinning）：一道工序，将棉花纤维并条并捻成连续不断的纱线。

尾水渠（tailrace）：把从水轮坑或涡轮机坑流出的水导回河里的那部分水沟。

翼锭精纺机（throstle）：一种水力或蒸汽动力机器，框架和齿轮是铸铁的，可以同时并条、纺纱和绕纱。

系杆（tie rod）：一个金属杆，用来把木梁一端和支撑木梁的砌筑墙紧固在一起。

挡污埂（trash boom）：一根漂浮的原木，横栏在水沟入口阻挡漂浮的垃圾。

挡污栅（trashrack）：一排紧密排列的木条或金属条，水可从其缝隙流过，同时可阻挡垃圾随水流进入水轮坑。

经纱（warp thread）：沿织物的长度方向延伸的线。

纬纱（weft thread）：沿织物的宽度方向来回穿梭的线，一块织物上的横线。

水轮坑（wheelpit）：一个内壁表面铺着石头的空间，水轮在其中旋转。